Die Rohstoffe der Keramik

Minerale und Vorkommen

Von

O. E. Radczewski

Springer-Verlag

Berlin / Heidelberg / New York

1968

Dr. phil. O. E. RADCZEWSKI
Professor für Mineralogie und Petrographie
an der Technischen Hochschule Aachen

ISBN-13:978-3-540-04302-7   e-ISBN-13:978-3-642-92968-7
DOI: 10.1007/978-3-642-92968-7

Titel Nr. 1234

Vorwort

Das vorliegende Buch sollte zunächst ein Ersatz oder eine Weiterführung des vergriffenen grundlegenden Werkes von W. FUNK „Die Rohstoffe der Feinkeramik" werden. Als der Springer-Verlag auf Veranlassung von Prof. Dr. C. W. CORRENS mit dieser Anregung an den Verfasser herantrat, wurde klar, daß eine Überarbeitung des FUNKschen Buches nicht möglich war, weil dazu dem Verfasser die speziellen technischen und praktischen Erfahrungen fehlen. Auf Grund der modernen Erkenntnisse, die besonders durch Anwendung der Röntgenographie und Elektronenmikroskopie erzielt wurden, kam daher nur eine vollständig neue Darstellung der Rohstoffe der Keramik in Frage.

Die Darstellung folgt den Erfahrungen, die der Verfasser bei seinen Vorlesungen und Übungen über Steine und Erden und ihre Untersuchung besonders beim Rohstoffpraktikum im Institut für Gesteinshüttenkunde gesammelt hat.

Ausgehend von der Tatsache, daß die keramischen Rohstoffe natürliche, die keramischen Produkte künstliche Gesteine darstellen, müssen die Methoden der Petrographie ihrer Beschreibung und Untersuchung zugrunde gelegt werden.

Nach einer allgemeinen Beschreibung der Gesteine werden zunächst die Minerale der keramischen Rohstoffe und hier besonders die Tonminerale beschrieben, die die Grundlage der feinkeramischen Rohstoffe bilden.

Von den Untersuchungsverfahren der feinkörnigen Minerale wird nur die Elektronenmikroskopie näher beschrieben, da sie eines der Hauptforschungsgebiete des Verfassers, in dem er seit etwa 30 Jahren tätig ist, bildet. Es werden zahlreiche elektronenmikroskopische Aufnahmen von tonigen Rohstoffen hier zum ersten Male veröffentlicht.

Nach einem kurzen Kapitel über ihre technische Verwertbarkeit werden die Lagerstätten der wichtigsten keramischen Rohstoffe, der Tongesteine und Feldspäte, sowie des Gipses, näher besprochen.

Das Literaturverzeichnis am Ende des Buches nennt, ohne den Anspruch auf eine vollständige Bibliographie zu erheben, die wichtigsten grundlegenden Werke und Spezialarbeiten über die Rohstoffe und ihre Vorkommen in alphabetischer Reihenfolge.

Ein Sachverzeichnis schließt das Werk ab.

Es ist geplant, die Untersuchungsverfahren zur Charakterisierung der keramischen Rohstoffe hinsichtlich ihrer technologischen Verwendbarkeit in einem zweiten Teil näher zu bearbeiten. Da die Diskussion über die zweckmäßigsten Verfahren, z.B. bei Feldspat und Quarz, noch im Gange ist, wurden sie in diese Darstellung nicht aufgenommen.

Die langjährige Mitarbeit am Institut für Gesteinshüttenkunde der Technischen Hochschule Aachen ermöglichte es dem Verfasser, umfangreiche Erfahrungen auf dem Gebiet der keramischen Rohstoffe zu sammeln. Dem Direktor des Instituts, Herrn Prof. Dr. H. E. SCHWIETE, sei dafür an dieser Stelle verbindlichst gedankt.

Aachen, im Herbst 1967

Otto-Ernst Radczewski

Inhaltsverzeichnis

Einleitung 1

I. Das Alter der Gesteine 3

   Einteilung und Gliederung der Erdgeschichte 4

II. Systematik der Gesteine 7

   Der stoffliche Aufbau der Erdrinde und die Gliederung der Erdsphären   7

     Die Lithosphäre 9

       a) Die Einteilung der Gesteine 9

         α) Die primären oder magmatischen Gesteine S. 10. – β) Die sekundären oder Sedimentgesteine S. 11.

       b) Einteilung und Kennzeichnung von Lagerstätten 14

       c) Die Rohstoffe der Keramik 15

III. Die Minerale der keramischen Rohstoffe 18

   A. Systematik der Silikate 19

     1. Allgemeine Grundsätze für den Aufbau der Silikate 19

     2. Die Silikatformeln 21

   B. Mineralogie und Struktur der Tonminerale 25

     1. Die Zweischichtminerale 26

       Die Kaolingruppe 27

         α) Kaolinit S. 27. – β) Dickit und Nakrit S. 28. – γ) Fehlgeordneter Kaolinit (Fireclay Mineral) S. 34. – δ) Halloysit und Metahalloysit S. 35.

     2. Die Dreischichtminerale 38

       a) Die Glimmer 39

       b) Die Minerale der Montmoringruppe 41

         Montmorillonit 41

         Die Struktur des Montmorillonits 43

       c) Die glimmerartigen Tonminerale oder Illite 47

   C. Die Feldspäte 52

IV. Die Bestimmung der Minerale in feinkörnigen Rohstoffen 56

   Elektronenoptische Untersuchung.................................... 57

     1. Abbildung bei Durchstrahlung 57

       a) Präparation... 58

       b) Kontrasterhöhung 59

         α) durch Beschattung S. 59. – β) durch „Anfärbung" S. 60.

2. Elektronenbeugung 60
   a) Auswertung... 61
   b) Beugungsbilder einzelner Kristalle 64
2. Korngrößenbestimmung im elektronenmikroskopischen Bereich . 67
4. Anwendung in der Keramik 71
5. Dünnschnitte von Mineralen 72

V. Die technische Verwertbarkeit der Rohstoffe in der Keramik 75
  Die Zusammensetzung einiger charakteristischer keramischer Tone ... 75
  A. Irdengut 80
    1. Ziegeleierzeugnisse 80
    2. Feuerfeste Erzeugnisse 81
    3. Töpfereierzeugnisse 84
    4. Steingut 84
  B. Sintergut 85
    1. Steinzeug 86
    2. Porzellan 88
  C. Elektrotechnische und hochfeuerfeste Spezialitäten 90

VI. Die Lagerstätten der keramischen Rohstoffe 90
  A. Die Pelite oder Tongesteine 91
    1. Die Kaolinlagerstätten 91
     a) Der Kaolin von Aue in Sachsen 91
     b) Der Kaolin von Zettlitz 93
     c) Die Kaoline der bayrischen Oberpfalz 94
      Die Kaolinlager von Hirschau und Schnaittenbach............. 94
     d) Die Kaoline in Mitteldeutschland........................... 100
      α) Kaolinlager im nordsächsischen Porphyrgebiet S. 101. – β) Kaoline im Meißener Gebirgsmassiv S. 102.
    2. Die Tonlagerstätten 103
     a) Die Genese der Tone 103
     b) Tertiäre Tone 106
      α) Die feuerfesten Tone S. 106. – β) Vorkommen der feuerfesten Tone S. 106. – β_1) Die Westerwälder Tone S. 107. – β_2) Der Bonner Tonbezirk S. 112. – β_3) Die Großalmeroder Tone. S. 113. – β_4) Die Tone der Rheinpfalz S. 114. – β_5) Die Tone der Oberpfalz S. 121.
     c) Vortertiäre Tone 121
      α) Tone aus der Kreidezeit S. 121. – α_1) Die Verwertbarkeit der Wealdentone S. 123. – α_2) Die Tone von Heisterholz S. 124. – β) Die Tone des Karbon S. 125. – β_1) Der Schieferton von Neurode in Schlesien S. 125. – β_2) Böhmische Schiefertone S. 125.
  B. Die Lagerstätten der Feldspäte 126
    1. Pegmatite 126
     Die Pegmatitvorkommen in Bayern 127
    2. Arkosen 129
    3. Die Feldspatvorkommen im Saargebiet 129

C. Die Lagerstätten des Gips 130
    1. Mineralogie des Gips 130
    2. Das Vorkommen von Gips in der Natur 131
       Das Vorkommen von Gips in Deutschland 132

Anhang 133
  Neue Segerkegeltabelle 133
  Maschenweite und Siebnummern der deutschen, amerikanischen und eng-
  lischen Normensiebe 135

Literaturverzeichnis 136

Sachverzeichnis 141

Einleitung

Keramik kommt vom griechischen $\varkappa\varepsilon\varrho\alpha\mu\upsilon\varsigma$, irden, tönern, und bezeichnet die Kunst der Tonbildnerei und die Lehre von Zusammensetzung, Eigenschaften und Anwendung der Tone und Glasuren zur Herstellung von gebrannten Erzeugnissen (Tonwaren, Porzellan, Steinzeug, Steingut, feuerfeste Steine).

Die Keramik gehört sowohl mit ihren Rohstoffen als auch mit ihren Erzeugnissen in das Gebiet der Steine und Erden, weil die Rohstoffe weitgehend natürliche feste oder lockere (Erden) Gesteine sind und ihre Erzeugnisse als künstliche Gesteine aufgefaßt werden müssen.

Seit vorgeschichtlichen Zeiten ist die Keramik im weitesten Sinn ein Spiegel menschlicher Kulturen.

Im Laufe der technischen Entwicklung nahm die Bedeutung des gebrannten Steines in all seinen Formen so zu, daß die keramische Industrie heute eine zentrale Stellung einnimmt.

Vielfältig ist die Anwendbarkeit und Verwertung keramischer Produkte, und viele Lebensbereiche des Menschen sind heute durch keramische Erzeugnisse charakterisiert.

Vor der Besprechung der Rohstoffe der Keramik, ihrer Entstehung, ihrer Vorkommen in der Natur und ihrer Zusammensetzung, soll kurz die Bedeutung der Gesteine für das menschliche Leben umrissen und die Wissenschaftszweige, die sich mit der Erforschung der Gesteine beschäftigen, genannt werden. Daraus leitet sich der günstigste Ausgangspunkt für eine Untersuchung der Keramik und ihrer Rohstoffe ab, und es ergibt sich die Möglichkeit, die zweckmäßigsten und den größten Erfolg versprechenden Untersuchungsverfahren anzuwenden.

Mit einigen Sätzen sei zunächst auf die *Bedeutung der Gesteine für den Menschen* eingegangen. Schon früh bedient sich der Mensch der Gesteine als Werkzeug, als Waffe und als Material. Eine ganze Epoche der Vorgeschichte, die Steinzeit, wird danach benannt.

Wo keine natürlichen festen Steine z.B. als Bausteine vorhanden waren, wurden schon früh aus lockeren Gesteinen oder Erden (Lehm) künstliche Steine durch Trocknen und Erhärten an der Luft hergestellt. Aus Ton werden Ziegel und Klinker gebrannt, die wichtige und nicht wegzudenkende Bausteine darstellen. Als Werksteine werden heute noch Wetzsteine und Schleifsteine verwandt, so z.B. die Niedermendiger Mühlsteinlava zur Papierherstellung und zum Mahlen von Kakao, deren Verwendung bis ins Magdalenien zurückverfolgt werden kann. Als Schreibmaterial wird der Griffel heute noch benutzt, und die Schiefertafel wird nur langsam durch Tafeln aus Kunststoff ersetzt. Wenn wir aber In-

1 Radczewski, Keramik

schriften besonders dauerhaft auch für die Nachwelt erhalten wollen, dann bedienen wir uns auch heute noch in den Denkmälern, Grabtafeln und Grenzsteinen natürlicher Steine, in welche die Schrift eingraviert wird. Die Bedeutung der Edelsteine in der Schmuckindustrie, der Diamanten in den Uhren, des Glimmers und des Quarzes für die Elektroindustrie sei nur am Rande erwähnt.

Als *Baustoffe* werden auch heute Natursteine verwandt, oder es werden aus lockeren Sanden oder Tonen (Erden) künstliche Steine (Ziegel, Beton, Mörtel) hergestellt.

Die Entwicklung der Landschaft ist durch die die Erdoberfläche aufbauenden Gesteine geprägt. Sie setzen je nach ihrer Härte, ihrer mineralischen Zusammensetzung und ihrem Gefüge den Kräften, die in der Natur durch die Verwitterung von außen oder durch tektonische Vorgänge von innen auf sie einwirken, verschiedenen Widerstand entgegen. Die Form der Landschaft ist somit abhängig von den anstehenden Gesteinen.

Mit dem regionalen Vorkommen der Gesteine in der Natur befaßt sich die *Geologie*, die Wissenschaft von der Erde, die ihre Zusammensetzung, ihren Aufbau, die Vorgänge in ihrer Kruste und die Geschichte der Erde erforscht. Die Urkunden, welche darüber Auskunft geben, sind die Gesteine, das Arbeitsfeld der Geologie ist also die feste Erdrinde in ihren Wechselbeziehungen zur Luft- und zur Wasserhülle und zum Erdinnern.

In der Geologie müssen zwei Hauptgebiete unterschieden werden, die historische Geologie und die allgemeine Geologie. Die allgemeine Geologie befaßt sich mit der Erforschung der Gesetzmäßigkeiten, die allen irdischen Vorgängen zugrunde liegen, während die historische Geologie den Werdegang der Erde und den zeitlichen Ablauf der Ereignisse in ihrer Geschichte betrachtet.

Ein selbständig gewordener Zweig der Geologie und eine ihrer wichtigsten Grundlagen ist die *Petrographie* oder besser die *Petrologie*, die Lehre von den Gesteinen im engeren Sinne, die mit mineralogisch-optischen, chemischen und physikalisch-chemischen Methoden die Gesteine untersucht. Die Petrographie nimmt daher eine Zwischenstellung zwischen der Geologie und der Mineralogie, der Lehre von den Mineralen, ein.

Die *Mineralogie* kann in die beiden Fachgebiete Kristallographie und allgemeine Mineralogie gegliedert werden. Sie befaßt sich mit der Beschreibung, der Bestimmung und der Lehre von der Entstehung der Minerale, die ja ihrerseits die Bausteine aller Gesteine darstellen.

Aus dieser Betrachtung folgt, daß für eine Beschreibung und Erforschung der Steine und Erden die Kenntnis der Minerale und der mineralogischen Methoden einerseits, und die Anwendung physikalisch-chemischer Methoden andererseits notwendig und zweckmäßig ist.

Weil, wie wir oben ausführten, die Rohstoffe der Keramik natürliche Steine, die keramischen Erzeugnisse aber künstliche Steine sind, müssen wir zur Beschreibung der Rohstoffe und ihrer Lagerstätten geologische, zu ihrer Untersuchung und zur Beschreibung ihrer Eigenschaften aber mineralogisch-petrographische und physikalisch-chemische Verfahren anwenden.

I. Das Alter der Gesteine

Sedimentgesteine sind in ungestörter Lagerung durch eine mehr oder weniger parallele, meist waagrechte Schichtung ausgezeichnet und enthalten oft Reste von Lebewesen, die als Fossilien für die Altersbestimmung eine besondere Rolle spielen. Mit der Erforschung dieser Versteinerungen beschäftigt sich die Paläontologie, die Lehre von den pflanzlichen und tierischen Lebewesen früherer Zeiträume. Wenn sich zu bestimmten geologischen Zeiten gewisse Pflanzen- oder Tiergruppen in charakteristischer Weise entwickelt haben, so sind oft ihre Reste für die betreffende Epoche kennzeichnend, sie werden daher als *Leitfossilien* bezeichnet. Mit ihrer Hilfe ist eine relative Altersbestimmung der geologischen Schichten fast immer möglich.

Für das Alter einer solchen Schicht wird aber nicht die Anzahl der seit der Ablagerung verflossenen Jahre, sondern der Abschnitt des stratigraphischen Systems der Erdgeschichte angegeben.

Eine absolute Altersbestimmung ist für relativ junge Ablagerungen dann möglich, wenn sie eine feine Schichtung zeigen, die durch jahreszeitliche Schwankungen in der Sedimentation bedingt und in ungestörter Lagerung bis heute erhalten ist. Solche Ablagerungen finden wir z.B. in den Bändertonen, die während des Rückgangs der letzten Vereisung in Stauseen vor den abschmelzenden Gletschern abgesetzt wurden. Während der Sommermonate fand ein stärkeres Abschmelzen statt, und es wurde gröberes, sandiges Material abgelagert, während der feinste, dunkle Ton der Sedimentation der Wintermonate entspricht. Solche jahreszeitlichen Schichten werden Warven genannt, und durch Auszählen solcher Schichten ist es gelungen, den südlichsten Eisstillstand auf schwedischem Boden auf rund 12000 Jahre zurückzudatieren. Für Deutschland ergibt sich, daß seit der letzten Großvereisung rund 25000 Jahre verflossen sind.

Eine andere Möglichkeit der absoluten Altersbestimmung ist gegeben durch den Zerfall der radioaktiven Elemente, z.B. des Urans U^{238} oder U^{235}, des Radiums Ra^{226}, des Rubidiums Rb^{87}, des Kohlenstoffs C^{14}. Die Endprodukte beim Zerfall des Urans und des Radiums sind Helium und Blei. Ein Gramm Radium ergibt in zehn Millionen Jahren 1 cm³ Helium. Aus dem Uran-, Helium- und Bleigehalt bestimmter Minerale kann daher ihr Alter berechnet werden. Wegen der Flüchtigkeit des Heliums liefert die Heliummethode allerdings leicht zu niedrige Werte, genauere Zahlen lassen sich aber unter Berücksichtigung der Isotopenzusammensetzung mit der Bleimethode erzielen. Als Fehlergrenze bei der radioaktiven Altersbestimmung wird in günstigen Fällen etwa 20% angenommen.

1*

In neuerer Zeit ist es gelungen, durch die Messung des radioaktiven Zerfalls von Kobalt, Caesium oder Kohlenstoff auch für jüngere Gesteine das Alter zu bestimmen, und es hat sich gezeigt, daß die nach den verschiedenen Methoden ermittelten Daten in der Größenordnung übereinstimmen.

Einteilung und Gliederung der Erdgeschichte

Um einen Begriff von dem Alter der Erde zu geben, sei erwähnt, daß die historische Geschichte etwa 6000 Jahre umfaßt, während die geologische Erdgeschichte sich über einen Zeitraum von ungefähr 2–5 Milliarden Jahren erstreckt.

Auf Grund der angedeuteten Erforschung von Lagerung und Alter der Gesteine wird die Erdgeschichte in vier Großabschnitte oder Erdzeitalter eingeteilt:

    4. Neozoikum   (Neuzeit)
    3. Mesozoikum   (Mittelzeit)
    2. Paläozoikum   (Altzeit)
    1. Präkambrium   (Urzeit).

Die Schichtenmächtigkeit dieser Zeitalter verhält sich wie 50 : 12 : 3 : 1, wenn wir die Mächtigkeit des Neozoikums als 1 ansetzen.

Die Erdzeitalter werden in Perioden oder Formationen eingeteilt, welche wiederum in Abteilungen unterteilt werden. Tab. 1 gibt eine Zusammenstellung dieser Formationen mit den wichtigsten Abteilungen und dem Alter in Millionen Jahren sowie den für die einzelnen Formationen wichtigen Gesteinstypen.

Für eine weitere Gliederung werden die Abteilungen in Stufen und diese weiter in Zonen, Gruppen oder Schichten und in Horizonte unterteilt. So umfaßt z. B. das Alttertiär die Stufen Paläozän, Eozän und Oligozän, das Jungtertiär die Stufen Miozän und Pliozän.

Erwähnt sei noch, daß mit dem Namen der Formation nicht nur der Zeitraum ihrer Entstehung, sondern auch die während dieser Zeit entstandenen Gesteine bezeichnet und unterschieden werden.

Eine Darstellung der Verbreitung und Art der anstehenden Gesteine gibt die geologische Karte, auf der die einzelnen Formationen und Gesteinsarten mit verschiedenen Farben und Abkürzungen dargestellt sind. Auf den Übersichtskarten können nur die großen Gesteinsgruppen, die Formationen und die Abteilungen berücksichtigt werden, in den geologischen Spezialkarten im Maßstab 1 : 25 000 jedoch, die den Meßtischblättern entsprechen, kann auch eine weitere Unterteilung in Stufen, Schichten und Horizonte berücksichtigt werden.

In Tab. 2 sind die gebräuchlichen Farben und Buchstaben zusammengestellt, durch welche die einzelnen geologischen Formationen oder Abteilungen sowie die Hauptgesteinsarten auf der geologischen Karte im allgemeinen dargestellt werden. Im einzelnen können die Farben durch Farbton und Schattierung weiter differenziert werden, und auch die für die einzelnen Formationen verwandten kleinen Buchstaben werden oft,

Tabelle 1. *Geologische Zeittafel (Formationstabelle)*
(nach SCHRÖDER, SCHMIDT, QUITZOW)

Zeitalter	Formation		Beginn vor heute in Mill. J.	Wichtige Gesteinstypen
	Name	Untergliederung		
Neozoikum (Neuzeit) 60 Mio. J.	Quartär	Holozän (Alluvium) Pleistozän (Diluvium)	1	Gletscher-Ablagerungen, Löß, Schotter, Tone, vulkanische Laven und Aschen
	Tertiär	Jungtertiär Alttertiär	60	Sande, Tone, Braunkohle, vulkanische Gesteine
Mesozoikum (Mittelzeit) 125 Mio. Jahre	Kreide	Oberkreide Unterkreide	130	Sandsteine, Kalke, Tone, Kreide
	Jura	Malm Dogger Lias	155	Kalke, Sandsteine, Tone
	Trias	Keuper Muschelkalk Buntsandstein	185	Bunte Sandsteine und Tone, Kalke und Mergel
Paläozoikum (Altzeit) 335 Mio. Jahre	Perm	Zechstein Rotliegendes	210	Dolomit, Gips, Salz Rote Trümmergesteine
	Karbon	Oberkarbon Unterkarbon	265	Kalke, Sandsteine, Schiefertone, Steinkohle
	Devon	Oberdevon Mitteldevon Unterdevon	320	Tonschiefer, Sandsteine, Grauwacken, Kalke, vulkanische Gesteine
	Gotlandium (Obersilur)		360	Graptolithenschiefer, Kalke, Kieselschiefer
	Ordovicium (Untersilur)		440	Tonschiefer, Quarzite, Kieselschiefer
	Kambrium	Oberkambrium Mittelkambrium Unterkambrium	520	Tonschiefer, Quarzite, Grauwacken, Kalke
Präkambrium (Urzeit)	Algonkium		1100	Meist in kristalline Schiefer umgewandelte Schichtgesteine und Erstarrungsgesteine
	Archaikum		etwa 3000	

Tabelle 2. *Darstellung der Gesteinsarten auf der geologischen Karte*
(nach v. Bülow z.T.)

Gestein oder Formation bzw. Abteilung		Farbe	Buchstabe
Quartär	Alluvium	weiß	a
	Diluvium	beige	d
Tertiär		gelb	b
Kreide		grün	kr
Jura		dunkelblau	j
Trias	Keuper	gelbbraun	k
	Muschelkalk	violett	m
	Buntsandstein	orangerosa	s
Perm	Zechstein	blau	z
	Rotliegendes	braun	r
Karbon	Oberkarbon	grau	st
	Unterkarbon	graublau	c
Devon	Oberdevon	oliv	to
	Mitteldevon	blau	tm
	Unterdevon	braun	tu
Silur		blaugrün	si
Kambrium		violettbraun	cb
Algonkium		mattgrün	ag
kristallines Grundgebirge		rosa	gn = Gneis gl = Glimmerschiefer
saure magmatische Gesteine		rot	G = Granit P = Porphyr L = Liparit
basische magmatische Gesteine		grün	G = Gabbro D = Diabas M = Melaphyr B = Basalt

wie es für das Devon ausgeführt ist, durch die Indizes o, m, u für Ober-,
Mittel-, Unterdevon oder durch Zahlen oder griechische Buchstaben er-
gänzt. Ein für alle geologischen Karten verbindliches System der Farben
und Abkürzungen gibt es noch nicht, doch sind auf jeder geologischen
Karte in der Legende die verwendeten Farben, Schraffierungen, Buchstaben und Symbole eindeutig erläutert.

II. Systematik der Gesteine

Der stoffliche Aufbau der Erdrinde und die Gliederung der Erdsphären

Die Gesteine gehören der äußersten Erdrinde, der sog. Lithosphäre an. Da die Erde radial inhomogen aufgebaut ist, können wir verschiedene Hüllen („Sphären") unterscheiden, die von außen nach innen an Dichte zunehmen und etwa wie folgt eingeteilt werden:

Die *Atmosphäre*, die bis zu etwa 600 km reicht, besteht aus Gasen und enthält bekanntlich die Elemente Sauerstoff (21 Vol.-%), Stickstoff (78 Vol.-%), Argon (1 Vol.-%), andere Edelgase in geringerer Menge, ferner CO_2 und in veränderlicher Menge Wasser. V. M. GOLDSCHMIDT faßte die hier häufigen und charakteristischen Elemente als *atmophile Elemente* zusammen – C, H, N und Edelgase – Elemente, die sich leicht verflüchtigen und unter normalen Bedingungen als Gase auftreten.

Die *Wasserhülle* oder *Hydrosphäre* reicht von der Erdoberfläche bis 11 km Tiefe. Sie wird aufgebaut aus atmophilen und gelösten lithophilen Elementen. Sie enthält:

85,79% Sauerstoff
10,67% Wasserstoff
2,07% Chlor
1,14% Natrium

ferner geringe Mengen Magnesium, Kalium, Kalzium, Schwefel, Brom, Jod, Bor usw. Ihr Aggregatzustand ist der flüssige. Die *Biosphäre* erstreckt sich etwa über den gleichen Raum und umfaßt die Lebewelt in Erde, Wasser und Luft; sie besteht aus organischen Substanzen, Skeletten, Resten von Pflanzen. Ihr Aggregatzustand ist fest, flüssig oder kolloid.

Die für die folgenden Betrachtungen besonders interessierende feste *Erdrinde* oder *Litosphäre* reicht bis 1200 km in die Tiefe, wo sie von flüssigem Magma begrenzt wird. Sie wird aufgebaut aus Elementen, die in der Silikatschmelze enthalten sind; ihre Hauptbestandteile:

Sauerstoff	47%	Kalzium	3,5%
Silizium	28%	Magnesium	2,1%
Aluminium	8%	Natrium	2,5%
Eisen	4,5%	Kalium	2,5%

Ihnen folgen mit Mengen von Zehntelprozenten Titan, Kohlenstoff, Wasserstoff und Mangan; weiter in abnehmender Häufigkeit Phosphor, Schwefel, Chlor, Barium, Fluor, Zirkonium, Chrom, Vanadium, Nickel, Strontium, Lithium, Beryllium, Bor u. a.

Die in der Lithosphäre vornehmlich vorhandenen Elemente werden mit V. M. GOLDSCHMIDT als *lithosphile Elemente* bezeichnet, sie haben das Bestreben, in die Silikatschmelze zu gehen und bauen die äußere Rinde der Erde auf.

Zum Erdinnern hin folgt die Kernschale oder *Chalkosphäre* mit den *chalkophilen Elementen* Schwefel, Kupfer, Zink, Blei usw., Elemente, die vorzugsweise in die Sulfidschmelze gehen und in festem Schwefeleisen löslich sind. Die Dicke dieser Schale wird zu etwa 1700 km angenommen, sie umgibt den Erdkern oder die *Barysphäre*, in der die *siderophilen Elemente* Eisen, Nickel, Kobalt, Kohlenstoff, Phosphor, Gold, Platinmetalle angereichert sind.

Tabelle 3. *Häufigkeit der chemischen Elemente in der Lithosphäre*
(nach BRINKMANN)

			Atom-%	Gewichts-%
O			62,5	46,6
Si			21,1	27,7
Al			6,4	8,1
Fe			1,9	5,0
Ca			1,9	3,6
Na			2,6	2,8
K			0,9	2,6
Mg			1,8	2,1
Ti				
H				Zehntel-%
Mn				
P				
F	Sr	Zn		
S	Ba			
C	Zr			Hundertstel-%
Cl	Cr			
Rb	V			

Tabelle 4. *Häufigkeit der Oxyde in den Gesteinen der Lithosphäre*

	Magmatische Gesteine (nach CLARKE u. GOLDSCHMIDT)	Sedimente (nach CORRENS)
SiO_2	59,12	55,64
Al_2O_3	15,34	14,44
Fe_2O_3	3,08	6,87
FeO	3,80	—
MgO	3,49	2,93
CaO	5,08	4,69
Na_2O	3,82	1,21
K_2O	3,13	2,87
TiO_2	0,73	0,69
P_2O_5	0,18	0,17
MnO	0,124	0,12
H_2O^+	1,15	3,50
H_2O^-		2,04
CO_2		3,86
SO_3		0,32
C		0,65
	99,04	100,00

Tabelle 5. *Häufigkeit der Minerale in den Gesteinen der Lithosphäre*

Mineral	Magmat. Gesteine (nach CLARKE u. WASHINGTON)	Sedimente (nach CORRENS)	
		berechnet	abgerundet
Quarz	12	30,14	30
Feldspäte	59,5		9
Anorthit		0,71	
Albit		5,51	
Orthoklas		2,78	
Pyroxene u. Amphibole	16,8		
Glimmer	3,8		23
Muskowit, Illit usw.		10,76	
Biotit, Glaukonit usw.		7,76	
Paragonit		4,58	
Kaolinit, Halloysit		12,03	12
Montmorillonit		5,37	5,5
Chlorit (Mg- u. Fe-Antigorit)		1,71	2
Kalkspat		5,99	6
Dolomit		2,57	2,5
Fe_2O_3		5,44	5,5
H_2O^-		2,04	2
Rest: (Akzessorien)	7,9		2,5
TiO_2		0,69	
MnO		0,12	
Gips		0,69	
Apatit		0,41	
Kohlenstoff		0,65	
	100,0	99,95	100,0

Die Lithosphäre

Von den genannten Schalen des Erdkörpers ist die Lithosphäre am wichtigsten; sie kann wiederum in zwei Bereiche geteilt werden, in die äußere Silikathülle mit einer Teufe von 60–120 km und die darunter liegende Eklogitschale, die bis zu einer Teufe von 1100–1200 km reicht. Beide sind durch den festen Aggregatzustand gekennzeichnet, unterscheiden sich aber chemisch und physikalisch dadurch, daß die Eklogitschale aus Silikaten schwerer Elemente besteht, die unter hohen Druck- und Temperaturbedingungen gebildet sind.

Bevor wir uns näher mit den Gesteinen beschäftigen, ist es zweckmäßig, die Häufigkeit der Elemente, Oxyde und Minerale, die die Erdkruste aufbauen, an Hand der Tab. 3 bis 5 zu überblicken.

a) Die Einteilung der Gesteine

Die Erdrinde ist aus verschiedenartigen Gesteinen aufgebaut, die sich durch Zusammensetzung und Entstehung unterscheiden. Nach ROSENBUSCH sind Gesteine geologisch selbständige Teile der festen Erdrinde von mehr oder weniger konstanter chemischer und mineralischer Zusammensetzung, aus denen sich die feste Rinde unserer Erde aufbaut. Als solche müssen sie drei Bedingungen erfüllen: Sie müssen durch einen eigenen geologischen Vorgang entstanden, dürfen stofflich nicht unmittel-

bar von der Umgebung ableitbar sein, und ihre geologische Erscheinungsform muß in ursächlicher Beziehung zu dem geologischen Vorgang stehen,
dem sie ihre Entstehung verdanken.

Nach ihrer Entstehung werden die Gesteine in zwei Gruppen eingeteilt: primäre und sekundäre Gesteine. Die *primären Gesteine* sind entstanden durch Verfestigung des Magmas und werden daher auch Magma-
tische oder Erstarrungsgesteine genannt. Als *sekundäre Gesteine* werden
alle übrigen Gesteine bezeichnet, die nicht durch Erstausscheidung aus
dem Magma, sondern durch Umwandlung bereits vorhandener Gesteine
gebildet wurden. Diese Umwandlung ist eine Folge der Einwirkung entweder von exogenen Kräften, die von außen auf sie einwirken, z.B. Luft,
Sonne, Frost, Wasser, Lebewesen usw., oder von endogenen Kräften, die
aus dem Erdinnern auf sie einwirken. Wir können daher die sekundären
Gesteine in die beiden Gruppen der exogenen und der endogenen Gesteine unterteilen.

Ursprünglich wurden die sekundären Gesteine in Sedimentgesteine
und metamorphe Gesteine eingeteilt, wobei die ersten im allgemeinen
Verwitterung, Transport und Sedimentation, die letzten dagegen Einwirkungen magmatischer Kräfte unter erhöhter Temperatur und erhöhtem Druck ihre Entstehung verdanken. Da beide Entstehungsarten
nicht immer sicher unterschieden werden können und Übergänge bestehen, schlug NIGGLI eine Unterteilung nach der Art der wirkenden
Kräfte in endogene und exogene Gesteine vor. Dabei sind die Sedimentgesteine im allgemeinen exogenen Ursprungs, die metamorphen Gesteine
endogen gebildet.

Oft ist aber eine eindeutige Zuordnung der Gesteine zu einer dieser
beiden Gruppen nicht möglich, da die gleichen mineralischen und stoff-
lichen Umwandlungen z.B. bei der Entstehung von Kaolinen sowohl
durch endogene als auch durch exogene Kräfte verursacht werden können.

Die Rohstoffe der Keramik finden sich vorzugsweise unter den Sedimentgesteinen, zu denen die Tone, Sande, Kalksteine usw. gehören, und
unter den magmatischen Gesteinen, in denen die Feldspäte eine besondere Rolle spielen. Diese beiden Gesteinsgruppen sollen daher näher besprochen werden. Die metamorphen Gesteine treten demgegenüber in
ihrer Bedeutung als Rohstoffe zurück.

α) **Die primären oder magmatischen Gesteine.** Die magmatischen Gesteine sind, wie bereits erwähnt, durch Abkühlung und Ausscheidung aus
dem Magma entstanden und werden je nach ihrem Auftreten und der Art
ihrer Erstarrung in drei Gruppen eingeteilt:

1. *Tiefengesteine.* Sie sind in mehr oder weniger großen Massiven langsam in der Tiefe erstarrt und zeichnen sich durch ein grobkristallines
körniges und richtungsloses Gefüge aus, z.B. Granit, Gabbro.

2. *Ergußgesteine.* Sie sind an der Oberfläche relativ schnell erstarrt
und zeigen ein porphyrisches Gefüge mit großen Einsprenglingen in einer
schnell erstarrten feinkörnigen oder glasigen Grundmasse, z.B. Porphyr,
Basalt. Gelegentlich sind Fließerscheinungen des Magmas an Fluidaltex-
turen zu erkennen. Sie bilden oft ausgedehnte Decken und können auch

vollständig glasig erstarren, wie z.B. die bekannten vulkanischen Gläser von Island.

3. *Ganggesteine.* Sie bilden Ausfüllungen von Spalten und Gängen im Gestein, in denen das Magma je nach den Verhältnissen verschieden schnell erstarrt ist. Ihre Ausbildung kann daher feinkörnig, porphyrisch oder auch grobkörnig vollkristallin sein. Oft sind in solchen Gängen Rest-schmelzen des Magmas, in denen die leicht flüchtigen Bestandteile ange-reichert waren, sehr langsam erstarrt, wobei die Minerale ungestört wach-sen konnten und sich Lagerstätten mit wertvollen Mineralen bildeten. Hierher gehören die *Pegmatit*-Gänge, die ein Hauptlieferant der kerami-schen Feldspäte sind.

Eine weitere Unterteilung der magmatischen Gesteine erfolgt nach ihrem Chemismus. Dabei lassen sich nach NIGGLI mehrere Reihen, z.B. die Kalkalkalireihe und Alkalireihe unterscheiden, deren Glieder, aus-gehend von relativ basischen Magmen (Gabbro), einen zunehmenden Gehalt an Kieselsäure aufweisen und sauer werden bis hin zum quarz-reichen Granit. Das drückt sich im Mineralbestand durch ein stärkeres Hervortreten der Alkalifeldspäte und des Quarzes aus, während die dunklen Gemengteile entsprechend abnehmen.

In Tab. 6 sind die Gesteine der Kalkalkalireihe dargestellt, für die ein gabbroides Magma als ursprüngliches Magma angenommen wird, welches sich im Laufe der Differentiation nach der sauren Seite hin ändert. Dabei kristallisieren zuerst ultrabasische Gesteinstypen, z.B. Peridotit, und gegen Ende der Ausscheidungsfolge Diorite und Granite.

Als Beispiel der Alkalireihe ist Syenit aufgeführt, der in seiner Zu-sammensetzung den Dioriten entspricht, aber chemisch mehr Alkalien und weniger CaO, mineralisch vorwiegend Alkalifeldspäte und kalk-arme Plagioklase enthält.

Die Farbzahl gibt nach BRINKMANN die Menge der dunklen Gemeng-teile an. Als wichtigste Minerale sind mit ihrer ungefähren Häufigkeit der Quarz, die Feldspäte und für die dunklen Gemengteile Glimmer sowie Hornblenden oder Augite angegeben.

Im linken Teil der Tabelle sind die Tiefengesteine, rechts die ent-sprechenden Ergußgesteine aufgeführt, für die nur diejenigen Minerale in der Reihenfolge ihrer Häufigkeit verzeichnet sind, die als Einspreng-linge auftreten. Eine Unterteilung der Ergußgesteine erfolgte in verän-derte und unveränderte Typen, was etwa dem Unterschied zwischen jungen und alten Ergußgesteinen entspricht. So entspricht dem tertiären Andesit oder Trachyt ein älterer Porphyrit oder Porphyr, dem tertiären Basalt der paläozoische Melaphyr.

β) **Die sekundären oder Sedimentgesteine.** Unter dem Einfluß der Kräfte, die an der Erdoberfläche auf die Gesteine einwirken, tritt eine Auflockerung ein, bei der einzelne Bestandteile gelöst und bestimmte Minerale umgewandelt werden können. Die Wirkung dieser Kräfte fassen wir als *Verwitterung* zusammen. Sie besteht in einer Zerstörung des Ge-steins durch Einwirkung der Atmosphärilien einschließlich der Vegeta-tionsdecke; die Verwitterungsprodukte bilden an Ort und Stelle die Böden, nach Transport und Ablagerung die Sedimente.

Tabelle 6

Einteilung und Charakterisierung der wichtigsten Typen der magmatischen Gesteine

| | | Tiefengesteine | | | Ergußgesteine | | |
| | | Hauptminerale | | | | | |
Typen	Farb-zahl	Quarz	Feldsp.	dunkle Gemengt.	unver-ändert	verändert	Einspreng-linge
Granit	5–20	15–40	Kalifeld-spat 20–40 Plagio-klas 0–20	Glimmer 5–25 (Hornblende, Augit)	Liparit Rhyolit	Quarz-porphyr	Quarz, Kalifeld-spat, Plagioklas
Quarz-diorit	10–50				Dazit	Quarz-porphyrit	
Diorit	20–50	0–10	Kalifeld-spat 0–10 Plagio-klas 30–50	Hornblen-de 20–40 (Biotit, Augit)	Andesit	Porphyrit	Plagio-klas, Hornblende (Quarz)
Gabbro (Norit)	50	–	Plagio-klas 30–70	Pyroxen 30–70 (Hornblende, Biotit) Olivin 0–30 Erz (rhomb. Pyroxen)	Dolerit Basalt	Diabas Melaphyr	Plagio-klas, Augit (Olivin) Erz
Peri-dotit	90	–		Olivin Augit, Erz (Hornblende)	Pikrit-basalt	Pikrit	Augit, Olivin
Syenit	10–50	0–10	Kalifeld-spat 30–60 Plagio-klas 0–20	Hornblende 20–40 (Biotit, Augit)	Trachyt	Porphyr	Kalifeld-spat, Hornblende, Biotit

Bei der Verwitterung muß zwischen der mechanischen Verwitterung, vorwiegend bedingt durch physikalische Einflüsse, und der chemischen Verwitterung unterschieden werden, deren Hauptfaktoren das Wasser und die darin gelösten Säuren sind. Die größte Bedeutung kommt dabei wohl der Kohlensäure zu, die zwar wegen ihres geringen Dissoziationsgrades in Wasser als schwache Säure erscheint, aber dennoch auf die Dauer eine intensive Wirkung ausübt, weil durch Lösung neuer CO_2 aus der Luft immer wieder die dissoziierte und verbrauchte H_2CO_3 nachgeliefert wird. Neben der Kohlensäure sind die organischen Säuren,

z.B. die Huminsäuren, und von anorganischen Säuren vor allem die
Schwefelsäure zu nennen, die stellenweise deutliche Einflüsse ausüben.

Für die Rohstoffe der Keramik ist die chemische Verwitterung und
vor allem die Kaolinisierung der Silikate von Bedeutung. Am Beispiel
der Kaolinisierung des Feldspats sei sie kurz skizziert.

Wie CORRENS und v. ENGELHARDT gezeigt haben, werden die Feldspäte schon durch Angriff von reinem Wasser echt gelöst, ein saures
Medium wirkt beschleunigend. Dabei werden zunächst die Alkalien und
Erdalkalien aus dem Feldspatgitter herausgelöst und mehr oder weniger
schnell fortgeführt. Gleichzeitig erfolgt auch eine Auslaugung von SiO_2
und Al_2O_3 zu echter Lösung, aus der unter entsprechenden Bedingungen
die Schichtgitter der Tonminerale aufgebaut werden können. In saurem
Medium, wo die Alkalien und Erdalkalien schnell fortgeführt werden,
bildet sich vorwiegend Kaolinit, in alkalischem Bereich und bei Anwesenheit von K^+, Na^+, Ca^{2+} und Mg^{2+} wird das Gitter der Dreischichtminerale aufgebaut.

Die Bedingungen für die Kaolinisierung sind bei feuchtem warmem
Klima, wie es in Mitteleuropa während des Tertiär herrschte, erfüllt.

Schema der Gesteinsumwandlung durch Verwitterung

Das vorstehende Schema gibt eine Übersicht über die durch exogene
Kräfte bedingte Umwandlung und Neubildung von Gesteinen. Dabei
sind in der Natur nur selten Verhältnisse verwirklicht, die eine bestimmte
Art von sekundären Gesteinen entstehen lassen, d.h. die Bildung von
rein klastischen, rein chemischen oder rein biogenen Sedimenten hervorrufen. Das gilt schon für die Verwitterung, bei der mechanische und chemische Verwitterung unterschieden werden kann; in der Natur wirken
jedoch meist beide Arten zusammen. Daher kommt es im allgemeinen zur
Ausbildung von mehr oder weniger stark gemischten Sedimentgesteins-
typen.

Die Sedimentgesteine, auch Schichtgesteine oder Absatzgesteine genannt, werden in folgende drei Gruppen eingeteilt:

1. *Klastische Sedimente* bzw. Gesteine oder Trümmergesteine. Sie bestehen vorwiegend aus den Rückständen beim mechanischen Zerfall und werden nach ihrer Teilchengröße in Konglomerat-, Sand- und Tongesteine eingeteilt. In den feineren Anteilen finden sich neben den Verwitterungsresten vorwiegend mineralische Neubildungen, die bereits bei der Verwitterung oder während des Transportes oder erst bei der Sedimentation gebildet wurden (Tonminerale, Kalk).

2. *Chemische Sedimente* bzw. Gesteine oder Ausscheidungs-, Fällungssedimente. Bei der chemischen Verwitterung werden die entsprechenden Bestandteile der Gesteine in echter Lösung fortgeführt und gelangen im Meer, in Flüssen und Seen zur Ausscheidung. Dadurch entstehen Kalksteine, Sulfatgesteine (Gips, Anhydrit) und Salzgesteine.

3. *Biogene Sedimente* und Gesteine oder organische Sedimente. Sie bestehen vorwiegend aus den Schalenresten von Organismen und entstehen im Süß- und im Salzwasser durch die Lebenstätigkeit oder unter der Mitwirkung von Organismen. Hierher gehören die zoogenen Kalke, wie Foraminenferenkalke oder Muschelkalk, Kieselgur (Diatomeenerde), Kieselschiefer, sowie Bitumina und Kohle.

b) Einteilung und Kennzeichnung von Lagerstätten

Unter einer *Lagerstätte* versteht man nach KUKUK eine durch einen natürlichen Entstehungsvorgang örtlich hervorgerufene Anhäufung nutzbarer Minerale und Gesteine in der Erde, deren Aufbau vernünftigerweise Gegenstand wirtschaftlicher Verwertung sein kann. Hierfür ist eine möglichst genaue Kenntnis ihrer geologischen Lagerung, ihrer mineralischen Zusammensetzung und ihres Gefüges Voraussetzung.

Lagerstätten können absolut oder relativ bauwürdig oder auch unbauwürdig sein.

Ihre Kennzeichnung kann zunächst nach der Entstehung und nach der Form erfolgen. Nach der Entstehung lassen sich Lagerstätten der magmatischen, der sedimentären oder der metamorphen Abfolge unterscheiden. Nach ihrem Alter lassen sie sich weiter gliedern in solche, die gleichzeitig mit dem Nebengestein (syngenetisch) oder später (epigenetisch) entstanden sind.

Weiter ist die Form der Ausdehnung ein Charakteristikum der Lagerstätte. Je nach ihrer geometrischen Ausdehnung können unterschieden werden:

Gänge, z.B. Pegmatitgänge,
flächenhaft plattige Lagerstätten, z.B. Kohlenflöze, Seifen,
annähernd dreidimensionale Lagerstätten, z.B. Tonmulden,
unregelmäßige Lagerstätten, z.B. metasomatisch ausgebildete Lagerstätten, Imprägnationen.

Die Lagerstätten von Rohstoffen der Keramik gehören im allgemeinen der sedimentären oder magmatischen Abfolge an, ihre Entstehung wird bei der Besprechung der einzelnen Rohstoffe behandelt werden.

Für den Abbau der Rohstoffe und ihrer Lagerstätten ist vor allem ihr *Mineralbestand* von Bedeutung. Wir unterscheiden Hauptminerale, die im allgemeinen in einer Menge von mehr als 10% vorkommen, von den Neben- und Übergemengteilen, die unter Umständen auch zur Charakterisierung für die Eigenschaften der Gesteine wichtig sind. In solchen Fällen müssen dann auch die Anteile unter 5% und sogar die unter 1% genau erfaßt werden. Für die Tone setzen ERNST, FORKEL und v. GEHLEN die Grenze zwischen Haupt- und Nebengemengteilen in der Regel auf 8% fest.

Die wichtigsten gesteinsbildenden Minerale und die Art ihrer Bestimmung sollen später ausführlich besprochen werden.

Unter *Gefüge* eines Gesteins verstehen wir die gegenseitigen Beziehungen seiner Gemengteile nach Größe, Anordnung und Verband. Die *Struktur* gibt Auskunft über die Größenordnung der Gemengteile sowie über ihre äußere Form und Ausbildung. Wichtig ist die Kenntnis der absoluten Größe und der Größendifferenzen innerhalb einer Mineralart und zwischen verschiedenen Gemengteilen. Auch die Größenverhältnisse von Mineralaggregaten und Gesteinsbruchstücken, die in Sedimentgesteinen oft vorkommen, sind von Bedeutung. Bezüglich der Form ist zwischen der Ausscheidungsform der Körner, mit oder ohne kristollographische Eigengestalt, und der Zerstörungsform, z.B. eckig oder gerundet, zu unterscheiden.

Unter *Textur* verstehen wir die räumliche Anordnung der Gemengteile sowie die Raumerfüllung in einem Gestein. Hierher gehört eine Orientierung der Gemengteile z.B. durch Fließbewegungen vor dem Erstarren (Fluidaltextur) oder eine Gleichrichtung von tafeligen Mineralen unter Druck (Schieferung). Von der Art der Raumerfüllung hängt z.B die Porösität eines Gesteins ab.

Der *Kornverband* schließlich gibt Auskunft über die Festigkeit eines Gesteins und gibt an, wie stark z.B. die einzelnen Körner aneinander haften.

Eine klare Abgrenzung dieser Begriffe ist nicht immer möglich, so daß sie auch unterschiedlich verwandt werden. Sie sollten aber nach Möglichkeit in dem angegebenen Sinne gebraucht und der Ausdruck Gefüge als übergeordneter Begriff im allgemeinen Sinne verwendet werden.

c) Die Rohstoffe der Keramik

Nach ihrem Verwendungszweck werden die Rohstoffe der Keramik in Rohstoffe für Massen und solche für Glasuren und Dekore eingeteilt. Zu den plastischen Rohstoffen gehören Kaolin, Ton, Speckstein, unter Umständen auch Bauxit, während zu den unplastischen Rohstoffen Feldspat, Quarz und Quarzgesteine, kohlensaurer Kalk, Dolomit, Magnesit, Gips und Flußspat gehören. Daneben sind vor allem bei der Herstellung von Glasuren in großer Menge künstliche Oxyde und Fritten in Verwendung.

Die plastischen Rohstoffe sind meist lockere, natürliche Sedimentgesteine, die durch ihre Teilchengröße, ihren Mineralbestand und die chemische Analyse charakterisiert werden. Sie gehören zu den *klastischen Sedimenten*.

Diese werden nach ihrer Korngröße in drei Hauptgruppen eingeteilt, deren Grenzen bei 2 mm und bei 0,02 mm oder 20 µm liegen. Gesteine über 2 mm werden als psephitisch bezeichnet – von dem griechischen $\psi\eta\varphi o\varsigma$, Block –, solche zwischen 2 und 0,02 mm als psammitisch – von $\psi\alpha\mu\mu o\varsigma$, Sand –, und Anteile unter 0,02 mm als pelitisch, vom griechischen $\pi\eta\lambda o\varsigma$, Schlamm.

Tab. 7, S. 17 gibt eine Zusammenstellung der Einteilung und Benennung der Korngrößengruppen klastischer Sedimente, wie sie von Mineralogen, Geologen, Bodenkundlern und Technikern gebraucht werden. In den beiden untersten Reihen sind als Beispiel für die im angelsächsischen Sprachraum üblichen Gliederungen die Einteilung nach Boswell und die Einteilung nach Wentworth angegeben.

Bei der Betrachtung soll von der in Deutschland gebräuchlichen Einteilung nach Correns ausgegangen werden. Für fast alle Einteilungsarten finden wir eine Grenze bei 2 mm Durchmesser. Von hier aus erfolgt die Einteilung in dekadisch-logarithmischer Weise bei den Durchmessern von 0,002 – 0,02 – 0,2 – 2 – 20 – 200 mm. Soll eine weitere Unterteilung durchgeführt werden, müssen die Zwischenwerte in logarithmischer Teilung bei 6,3 und weiter bei 3,6 und 11,2 liegen. Es ergibt sich dann folgende Reihe:

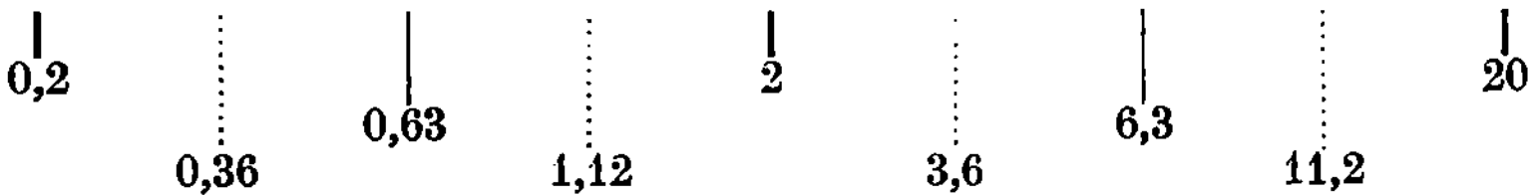

In dieser Weise ist auch die Kornklasseneinteilung in der neuen DIN-Norm 51 033 Bestimmung der Korngrößen durch Siebung und Sedimentation durchgeführt worden.

Abweichend von dieser in Deutschland gebräuchlichen Einteilung erfolgt die Einteilung in Amerika logarithmisch mit der Basis 2, indem die nächste Korngrößengrenze, ausgehend von 2 mm, jeweils halb so groß oder doppelt so groß ist wie die vorhergehende. So ergeben sich Zahlen z.B. von $^1/_{16}$ mm = 0,0625 mm, oder $^1/_{256}$ mm = 0,0039 mm.

In Tab. 7 sind für jede Bruchzahl die Potenzen von 2 und die Größen in Mikron aufgeführt worden, um eine bessere Vergleichsmöglichkeit zu geben.

Zu den in Tab. 7 genannten Autoren ist zu bemerken, daß sich in Deutschland die Einteilung und Benennung von Correns durchgesetzt hat, die denen von Niggli und Fischer und Udluft bis auf einige unterschiedliche Bezeichnungen vollständig entspricht.

Atterberg ist angeführt, weil er als erster eine derartige Einteilung, und zwar zunächst für die Bodenkunde vorgeschlagen hat. Die Einteilungen von Dücker und Keil sind von der Praxis her erfolgt. Sie behalten die gleichen Grenzen bei, setzen aber eine grundsätzliche Trennungslinie bei 0,063 mm, denn hier ändert sich das Untersuchungsver-

Tabelle 7. *Zusammenstellung der Einteilung und Benennung der Korngrößengruppen klastischer Sedimente*

<table>
<tr>
<td>Durchmesser</td>
<td>0,2 µm</td><td>0,63 µm</td><td>2 µm</td><td>6,3 µm</td><td></td><td>0,02 mm</td><td></td><td>0,063 mm</td><td></td><td></td><td>0,2 mm</td><td></td><td></td><td>0,63 mm</td><td></td><td>2 mm</td><td></td><td>6,3 mm</td><td></td><td></td><td>20 mm</td><td></td><td>63 mm</td><td></td><td></td><td>200 mm</td><td>630 mm</td><td>2000 mm</td>
</tr>
<tr>
<td rowspan="2">Correns</td>
<td colspan="8">Pelite</td>
<td colspan="8">Psammite</td>
<td colspan="12">Psephite</td>
</tr>
<tr>
<td colspan="1">Kolloid-
Ton</td>
<td colspan="2">Fein-
Ton</td>
<td colspan="5">Grob-
Ton</td>
<td colspan="3">Fein-
Sand</td>
<td colspan="5">Grob-
Sand</td>
<td colspan="2">Fein-
Kies</td>
<td colspan="5">Grob-
Kies</td>
<td colspan="5">Block</td>
</tr>
<tr>
<td>Niggli</td>
<td colspan="1">Schweb</td>
<td colspan="2">Fein-
Schluff</td>
<td colspan="5">Grob-
Schluff</td>
<td colspan="3">Fein-
Sand</td>
<td colspan="5">Grob-
Sand</td>
<td colspan="2">Fein
Kies</td>
<td colspan="5">Grob-
Kies</td>
<td colspan="4">Block</td>
<td colspan="1">Klotz</td>
</tr>
<tr>
<td>Fischer u. Udluft</td>
<td colspan="1">Schweb</td>
<td colspan="2">Sink
Schlämm (Schmand)</td>
<td colspan="5">Schluff
Schlämm (Schmand)</td>
<td colspan="3">Silt
Sand</td>
<td colspan="5">Gries (Gritt)
Sand</td>
<td colspan="5">Kies (Group)
Schotter (Grand)</td>
<td colspan="2">Brock
Schotter (Grand)</td>
<td colspan="4">Block</td>
<td colspan="1">Klotz</td>
</tr>
<tr>
<td>Atterberg
(Intern. bodenkundl. Ges.)</td>
<td colspan="3">Ton</td>
<td colspan="3">Schluff</td>
<td colspan="5">Mo (Feinsand)</td>
<td colspan="5">Grobsand</td>
<td colspan="5">Kies</td>
<td colspan="7">Geröll und Steine</td>
</tr>
<tr>
<td></td>
<td colspan="16">Feinerde</td>
<td colspan="12"></td>
</tr>
<tr>
<td rowspan="2">Dücker</td>
<td colspan="2">VII</td>
<td colspan="2">VI b</td>
<td colspan="1">VI a</td>
<td colspan="2">V b</td>
<td colspan="1">V a</td>
<td colspan="3">IV b</td>
<td colspan="3">IV a</td>
<td colspan="2">III b</td>
<td colspan="2">III a</td>
<td colspan="3">II b</td>
<td colspan="2">II a</td>
<td colspan="5">I</td>
</tr>
<tr>
<td colspan="2">feines</td>
<td colspan="3">mittleres</td>
<td colspan="3">grobes</td>
<td colspan="6">feines</td>
<td colspan="4">mittleres</td>
<td colspan="5">grobes</td>
<td colspan="5">Gröbstes</td>
</tr>
<tr>
<td></td>
<td colspan="8">Schlämmkorn</td>
<td colspan="15">Siebkorn</td>
<td colspan="5"></td>
</tr>
<tr>
<td>K. Keil</td>
<td colspan="2">1 a
Fein-
Ultraschluff</td>
<td colspan="2">1 b
Grob-
Ultraschluff</td>
<td colspan="1">2 a
Fein-
Schluff</td>
<td colspan="2">2 b
Mittel-
Schluff</td>
<td colspan="1">2 c
Grob-
Schluff</td>
<td colspan="3">3 a
Fein-
Sand</td>
<td colspan="3">3 b
Mittel-
Sand</td>
<td colspan="2">3 c
Grob-
Sand</td>
<td colspan="2">4 a
Fein-
Kies</td>
<td colspan="2">4 b
Mittel
Kies</td>
<td colspan="3">4 c
Grob-
Kies</td>
<td colspan="1">5 a
Fein-
Geröll</td>
<td colspan="1">5 b
Mittel
Geröll</td>
<td colspan="1">5 c
Grob-
Geröll</td>
<td colspan="2">6
Block</td>
</tr>
<tr>
<td>Durchmesser</td>
<td>0,2 µm</td><td>0,63 µm</td><td>2 µm</td><td>6,3 µm</td><td>0,01 mm</td><td>0,02 mm</td><td>0,05 mm</td><td>0,063 mm</td><td>0,09 mm</td><td>0,1 mm</td><td>0,2 mm</td><td>0,25 mm</td><td>0,5 mm</td><td>0,63 mm</td><td>1 mm</td><td>2 mm</td><td>3 mm</td><td>6,3 mm</td><td>7 mm</td><td>10 mm</td><td>20 mm</td><td>30 mm</td><td>63 mm</td><td>70 mm</td><td>100 mm</td><td>200 mm</td><td></td><td></td>
</tr>
<tr>
<td>DIN 1179</td>
<td colspan="10">Mehlsand</td>
<td colspan="1">Fein-
Sand</td>
<td colspan="3">Mittel-
Sand</td>
<td colspan="2">Grob-
Sand</td>
<td colspan="2">Fein-
Kies</td>
<td colspan="3">Mittel-
Kies</td>
<td colspan="2">Grob-
Kies</td>
<td colspan="5">Überlauf</td>
</tr>
<tr>
<td>DIN 4022</td>
<td colspan="3">Ton</td>
<td colspan="5">Schluff</td>
<td colspan="3">Fein-
Sand</td>
<td colspan="3">Mittel-
Sand</td>
<td colspan="2">Grob-
Sand</td>
<td colspan="2">Fein-
Kies</td>
<td colspan="3">Mittel-
Kies</td>
<td colspan="2">Grob-
Kies</td>
<td colspan="5">Steine</td>
</tr>
<tr>
<td>DIN 1045 § 5</td>
<td colspan="8"></td>
<td colspan="6">Beton-Feinsand</td>
<td colspan="2">Beton-Grobsand</td>
<td colspan="2">Beton-Fein-Kies</td>
<td colspan="3">Beton-Grob-Kies</td>
<td colspan="7"></td>
</tr>
<tr>
<td>Pratje</td>
<td colspan="6">Feinstaub und Ton</td>
<td colspan="2">Mittelstaub</td>
<td colspan="2">Grob-
staub</td>
<td colspan="1">Fein-
Sand</td>
<td colspan="3">Mittel-
Sand</td>
<td colspan="2">Grob-
Sand</td>
<td colspan="2">Fein-
kies</td>
<td colspan="10">Steine und Kies</td>
</tr>
<tr>
<td>Boswell
(nach Milner)</td>
<td colspan="6">Clay (mud)</td>
<td colspan="2">Silt</td>
<td colspan="2">Superfine
Sand</td>
<td colspan="1">Fine
Sand</td>
<td colspan="2">Medium
Sand</td>
<td colspan="2">Coarse
Sand</td>
<td colspan="1">Very coarse
Sand</td>
<td colspan="12">Gravel</td>
</tr>
<tr>
<td>Wentworth</td>
<td colspan="4">Clay</td>
<td colspan="4">Silt</td>
<td colspan="2">Very fine
Sand</td>
<td colspan="1">Fine
Sand</td>
<td colspan="2">Medium
Sand</td>
<td colspan="2">Coarse
Sand</td>
<td colspan="1">Very coarse
Sand</td>
<td colspan="1">Granule</td>
<td colspan="6">Pebble</td>
<td colspan="3">Cobble</td>
<td colspan="2">Boulder</td>
</tr>
</table>

Wentworth-Skala (Durchmesser):

$\frac{1}{2048} = 0{,}49\ \mu m = 2^{-11}$

$\frac{1}{1024} = 0{,}98\ \mu m = 2^{-10}$

$\frac{1}{512} = 1{,}95\ \mu m = 2^{-9}$

$\frac{1}{256} = 3{,}9\ \mu m = 2^{-8}$

$\frac{1}{128} = 7{,}8\ \mu m = 2^{-7}$

$\frac{1}{64} = 15{,}6\ \mu m = 2^{-6}$

$\frac{1}{32} = 31{,}2\ \mu m = 2^{-5}$

$\frac{1}{16} = 62{,}5\ \mu m = 2^{-4}$

$\frac{1}{8} = 125\ \mu m = 2^{-3}$

$\frac{1}{4} = 250\ \mu m = 2^{-2}$

$\frac{1}{2} = 500\ \mu m = 2^{-1}$

$1 = 1000\ \mu m = 2^{0}$

$2 = 2^{1}$

$4 = 2^{2}$

$8 = 2^{3}$

$16 = 2^{4}$

$32 = 2^{5}$

$64 = 2^{6}$

$128 = 2^{7}$

$256 = 2^{8}$

$512 = 2^{9}$

$1024 = 2^{10}$

$2048\ \text{mm} = 2^{11}$

fahren: Gröbere Materialien werden durch Siebung, feinere durch Schlämmen oder Sedimentation bestimmt. Daher auch die Bezeichnung Siebkorn und Schlämmkorn.

Die folgenden Einteilungen nach den DIN-Normen sind auf spezielle Zwecke abgestellt, daher die weitere Unterteilung in DIN 1179 für Sand, Kies und zerkleinerte Stoffe, die relativ grobe Einteilung zwischen 1 und 70 mm nach DIN 1045 für Beton, und die über den ganzen Bereich führende Einteilung nach DIN 4022 für Böden.

PRATJE hat sich im Deutschen Hydrographischen Institut mit der Untersuchung des Meeresbodens, besonders der Nordsee, beschäftigt, daher die besondere Einteilung und Benennung im Bereich der Psammite.

III. Die Minerale der keramischen Rohstoffe

Bevor eine spezielle Beschreibung der Rohstoffe erfolgt, seien ihre wichtigsten Minerale kurz besprochen. Das häufigste Oxyd der Lithosphäre ist, wie Tab. 4, S. 8 zeigt, SiO_2, an zweiter Stelle steht Al_2O_3; die wichtigsten Minerale in der Erdrinde sind somit die Silikate, und zwar vorwiegend Aluminiumsilikate.

Der Feldspat ist, wie aus Tab. 5, S. 9 zu entnehmen ist, in *magmatischen* Gesteinen das häufigste Mineral, ihm folgen an Häufigkeit die dunklen Gemengteile Pyroxen und Amphibol, und erst an dritter Stelle steht Quarz, gefolgt von Glimmer. Bei den *Sedimentgesteinen* ändert sich das Bild infolge der leichten Angreifbarkeit der primären Silikate und der Neubildung von Verwitterungsprodukten, z.B. von Tonmineralen und Karbonaten. Seiner relativ hohen Beständigkeit wegen wird der Quarz zum häufigsten Mineral, an zweiter Stelle stehen die Glimmerminerale, gefolgt von den Tonmineralen (einschließlich Chlorit etwa 20%), und erst an vierter Stelle stehen die Feldspäte mit einer Häufigkeit von rund 9%.

Die systematische Einteilung der Silikate erfolgt nach kristallchemischen Gesichtspunkten, wie sie von MACHATSCHKI entwickelt wurden und wie sie STRUNZ folgerichtig durchführte.

Mit der Untersuchung und Beschreibung der Minerale, ihrer Erscheinungsform und ihren Eigenschaften sowie mit den Vorgängen und Veränderungen im kristallisierten Zustand beschäftigt sich die *Kristallographie*, die Lehre von den Kristallen oder Mineralen. Diese sind aufgebaut durch eine periodische Anordnung ihrer Einzelbausteine, der Atome, Ionen oder Moleküle, die ein dreidimensionales Raumgitter, eine bestimmte Kristallstruktur bilden (vgl. S. 19). Hiervon wird der ungeordnete oder amorphe Zustand unterschieden, wie er z.B. in einem Glas vorliegt, in dem eine streng periodische Ordnung der Bausteine nicht vorhanden oder nicht zu erkennen ist.

Zum Verständnis des Aufbaues und der systematischen Beziehungen der Minerale ist eine Kenntnis ihrer Kristallstruktur Voraussetzung. Die Strukturbestimmungen werden mit Röntgenstrahlen durchgeführt und geben Aufschluß über den Gitterbau der Verbindungen. Durch geeignete Schreibweise der Formeln kann dieser Aufbau verdeutlicht und die systematische Stellung eines jeden Minerals leicht erkannt werden. Es soll daher zunächst einiges über den Gitterbau der Silikate und ihre kristallchemische Einteilung gesagt werden.

A. Systematik der Silikate

Die systematische Einteilung der Silikate nach äußeren Merkmalen, wie sie z. B. in der Spaltbarkeit sich zeigen oder im spezifischen Gewicht zum Ausdruck kommen, hat ebenso wenig wie eine chemische Klassifikation in Orthosilikate, Metasilikate, Di-, Tri- usw. Silikate befriedigt, weil sich hierdurch die Zusammenhänge zwischen Aufbau und Eigenschaften der Silikate nicht folgerichtig erklären lassen. Nach Einführung der Röntgenuntersuchung, die uns Einblick in den strukturellen Aufbau der Minerale gewährte, wurden die Silikate nach ihrem Gitterbau eingeteilt. Diese Einteilung geht, wie bereits erwähnt, auf die Erkenntnisse von V. M. GOLDSCHMIDT, L. PAULING und auf die kristallchemische Betrachtungsweise von F. MACHATSCHKI zurück und ist in den mineralogischen Tabellen von H. STRUNZ konsequent durchgeführt worden. Bei den weiteren Betrachtungen werden wir uns an diese Einteilung halten, da sie den Zusammenhang zwischen Zusammensetzung, Aufbau und Eigenschaften erkennen läßt und das Auftreten von Mischkristallreihen deutlich und verständlich macht.

1. Allgemeine Grundsätze für den Aufbau der Silikate

Die Silikate werden aus SiO_4-Tetraedern in der Weise aufgebaut, daß jedes Si-Ion von vier Sauerstoffionen umgeben ist, welche an den Ecken eines Tetraeders sitzen. Die Si–O-Bindung ist vorwiegend als Ionenbindung aufzufassen und so fest, daß die SiO_4-Tetraeder als geschlossene Baueinheiten mit einer vierfach negativen Ladung $[SiO_4]^{4-}$ zu betrachten sind. Sie liegen in den Silikaten entweder einzeln vor (Abb. 1 a) oder sind zu Gruppen (Abb. 1 b–e), Ketten oder Schichten (Abb. 2 und 3) vereinigt, welche durch Kationen miteinander verbunden werden.

Eine erste Grundlage der systematischen Betrachtung von Kristallstrukturen bildet die Ionenradientheorie von V. M. GOLDSCHMIDT, nach der die Bausteine der Kristalle, die Atome und Ionen, in erster Näherung als Kugeln mit einem bestimmten Radius aufgefaßt werden können. Sie berühren sich in den Kristallgittern gegenseitig. Dabei dürfen diese Bauelemente allerdings nicht als starre feste Kugeln verstanden werden, sondern die Ionenradien, wie sie zuerst von V. M. GOLDSCHMIDT bestimmt wurden, sind Wirkungsradien, deren Größe auch von der Ladung des Bausteins und von der Stärke seiner Nachbarn abhängt. Wir müssen diese Bausteine also gewissermaßen als mehr oder weniger elastische Kugeln betrachten, die sich gegenseitig vertreten können, wenn sie in ihrer Größe nicht allzu sehr (in der Regel bis 15%) voneinander abweichen.

Weitere Grundsätze für den Aufbau der Kristallgitter sind in den Strukturregeln enthalten, die L. PAULING bereits 1928 aufgestellt hat und die immer wieder durch neue Strukturbestimmungen bestätigt worden sind. Besonders ist hier die Regel von der elektrostatischen Valenz zu nennen, die besagt, daß die negative Ladung eines jeden Anions durch die elektrostatische Bindung abgesättigt wird, die von den nächstgelegenen Kationen ausgeht. Die Stärke der Bindung ist daher auch abhängig von der Zahl der Nachbarn, an die ein Ion gebunden ist.

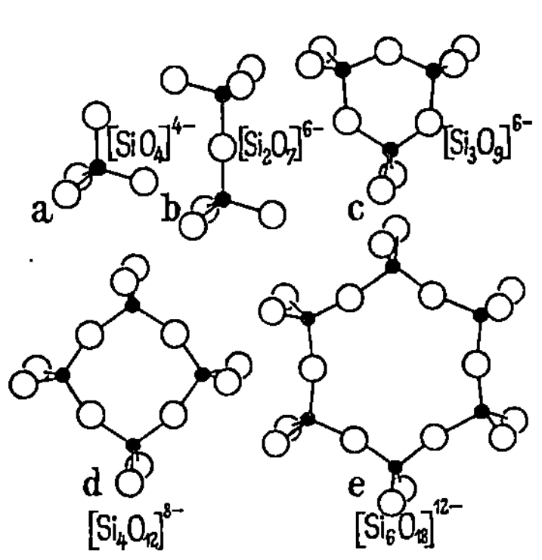

Abb. 1, a–e. Baugruppen der Silikate
a) der Nesosilikate, einzelnes SiO₄-Tetraeder;
b) der Sorosilikate: Gruppen von SiO₄-Tetraedern; c)–e) der Cyclosilikate: Ringe von 3, 4 oder 6 SiO₄-Tetraedern (nach STRUNZ)

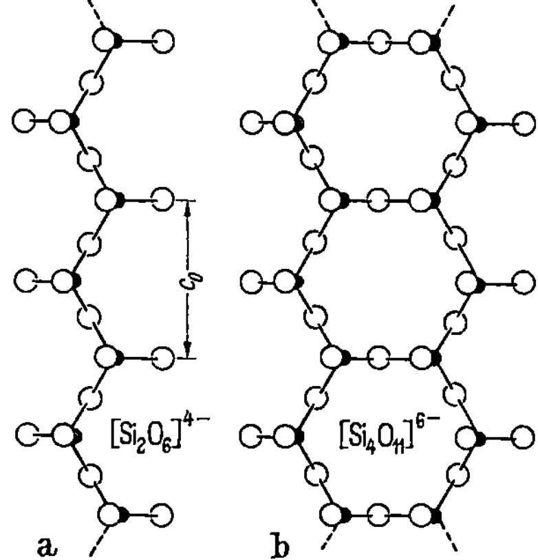

Abb. 2, a u. b. Eindimensional unendliche Baugruppen der Inosilikate: a) Kette; b) Doppelkette (Band) von SiO₄-Tetraedern (nach STRUNZ)

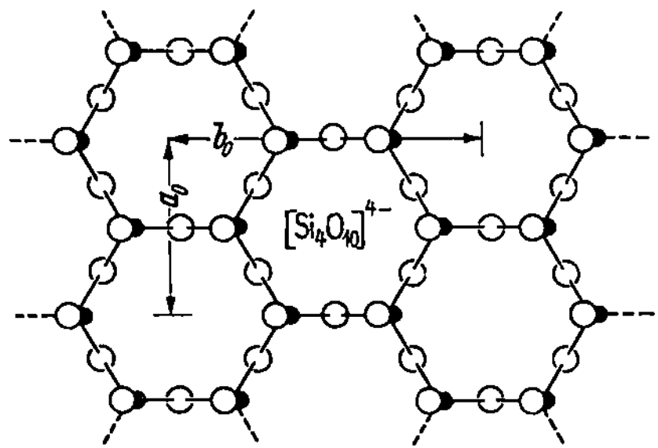

Abb. 3. Zweidimensional unendliche Baugruppe der pseudohexagonalen Phyllosilikate: Schicht von SiO₄-Tetraedern (nach STRUNZ)

Als dritten Grundsatz für den Aufbau der Silikate ist die von MACHATSCHKI entwickelte und vielfach bestätigte Theorie über das Zusammentreten der SiO₄-Gruppen zu nennen. Wenn die SiO₄-Tetraeder nicht als getrennte Baueinheiten, durch Kationen miteinander verbunden, das Kristallgitter aufbauen, dann sind sie stets über ihre Ecken durch Sauerstoff in der Weise miteinander verbunden, daß jedes Sauerstoffion zu zwei Tetraedern gehört und die Brücke zwischen zwei Siliziumionen bildet, welche die beiden Tetraeder verknüpft. (Im folgenden werden die

Abkürzungen O^{2-} und Si^{4+} für Sauerstoffion und Siliziumion gebraucht.) So entstehen Gruppen von zwei Tetraedern oder Ringe von drei, vier oder sechs Tetraedern (Abb. 1). Ferner können die SiO_4-Tetraeder über zwei oder drei O^{2-} zu eindimensionalen Ketten oder Bändern (Abb. 2) oder zu zweidimensionalen Schichten (Abb. 3) und schließlich über vier O^{2-} zu dreidimensionalen Gerüsten zusammentreten, wobei die Si^{4+} immer über Sauerstoffe miteinander verbunden sind. Außerdem ist die Möglichkeit einer Substitution, d.h. eines diadochen Ersatzes des Si^{4+} durch Al^{3+} zu erwähnen, die verschieden stark, bis zu 50%, erfolgen kann und auch wesentlich zu der großen Mannigfaltigkeit der Silikate beiträgt (vgl. S. 39, 41).

Auf der beschriebenen Art der Bindung der SiO_4-Tetraeder beruht die Systematik der Silikate. Nach MACHATSCHKI und STRUNZ werden folgende Silikatgruppen unterschieden:

1. *Inselsilikate* oder *Nesosilikate* mit selbständigen Tetraedern, die durch Kationen miteinander verbunden sind, z.B. Olivin $(Mg, Fe)_2 [SiO_4]$ (Abb. 1a).

2. *Gruppensilikate* oder *Sorosilikate* mit endlichen Gruppen von zwei, drei, vier oder sechs Tetraedern, die durch Kationen miteinander verbunden sind, Beispiel Wollastonit $Ca_3 [Si_3O_9]$ (Abb. 1b–e). (Die Erklärung der Schreibweise der Silikatformeln erfolgt im nächsten Abschnitt.)

3. *Ketten-* oder *Bandsilikate* oder *Inosilikate* mit eindimensional unendlichen einfachen oder Doppelketten, die gleichfalls durch Kationen verbunden werden, Beispiel Pyroxen: Diopsid, $CaMg [Si_2O_6]$ (Abb. 2).

4. *Schichtsilikate* oder *Phyllosilikate* mit zweidimensional unendlichen Schichten von SiO_4-Tetraedern $[Si_4O_{10}]^{4-}$ (Abb. 3), die in komplizierterer Weise durch Kationen miteinander verbunden sind, Beispiel Glimmer, Tonminerale.

5. *Gerüstsilikate* oder *Tektosilikate* mit einem dreidimensional unendlichen Gerüst von SiO_4-Tetraedern. Ein reines Gerüst dieser Art bildet der Quarz und seine Modifikationen mit der Bruttoformel SiO_2. In den Gerüstsilikaten ist jedoch ein Teil des vierwertigen Si^{4+} durch das dreiwertige Al^{3+} ersetzt, welches seiner Größe nach im Innern der Sauerstofftetraeder Platz hat. Die dadurch entstehende freie Valenz wird durch Kationen abgesättigt, in der Regel durch Alkalien oder Erdalkalien, die in den Hohlräumen dieses Gerüstes genügend Platz finden. In den hierher gehörigen Silikaten ist immer ein Teil, meist ein Viertel, maximal die Hälfte des Siliziums durch Aluminium ersetzt, Beispiel Albit $Na[AlSi_3O_8]$, Anorthit $Ca[Al_2Si_2O_8]$.

2. Die Silikatformeln

Um die Strukturen der Minerale formelmäßig erfassen zu können, wird zweckmäßig nach dem Vorschlag von STRUNZ das Anion, wenn es komplexer aufgebaut ist, also noch Sauerstoff enthält, in eckige Klammern gesetzt, Beispiel Steinsalz $NaCl$, Calcit $Ca[CO_3]$, Olivin $(Mg, Fe)_2[SiO_4]$. Für Mischkristalle werden diejenigen Ionen, welche sich gegenseitig diadoch ersetzen können, in runde Klammern gesetzt und durch ein Komma getrennt, wie beim Olivin, der eine Mischkristallreihe zwischen Forsterit $Mg_2[SiO_4]$ und Fayalit $Fe_2[SiO_4]$ bildet. In der Regel werden die austauschbaren Ionen in der Reihenfolge ihrer Häufigkeit geschrieben, so daß z.B. der eisenreiche Olivin Hortonolith die Formel $(Fe,Mg)_2[SiO_4]$ erhält.

Der Vorteil dieser Schreibweise zeigt sich bei Verbindungen mit komplexen Anionen, welche neben dem komplexen Anion NO_3, CO_3, BO_3, SO_4, PO_4 oder SiO_4 komplexfremde Anionen enthalten, die bei den Silikaten nicht zum Tetraederverband gehören. Komplexanionen und komplexfremde Anionen werden dann durch einen Vertikalstrich getrennt, Beispiel Boracit $Mg_3[Cl\,|\,B_7O_{13}]$, Epidot $Ca_2Al_3[OH\,|(SiO_4)_3]$, Muskovit $KAl_2[(OH,F)_2\,|\,AlSi_3O_{10}]$. Die Kationen werden vor der eckigen Klammer, die den Anionenkomplex, d.h. den negativ geladenen Teil der Verbindung enthält, so angeordnet, daß die oktaedrisch umgebenen Kationen (mit der Koordinationszahl VI) unmittelbar vor der Klammer stehen, davor die Kationen mit nächstgrößerer Koordinationszahl.

Unter Koordinationszahl verstehen wir die Zahl der nächsten Nachbarn eines entgegengesetzt geladenen Gitterbausteins, die diesen in gleichem Abstand umgeben und an den Ecken eines regelmäßigen Polyeders sitzen. So hat Si^{4+}, das im SiO_4-Tetraeder von 4 O^{2-} umgeben wird, die Koordinationszahl IV. Die Koordinationszahl wird bestimmt durch das Radienverhältnis von Zentralion und umgebenden Ionen. Andere wichtige Koordinationszahlen sind VI bei oktaedrischer Umgebung, wenn die umgebenden Ionen (O^{2-} oder $(OH)^-$) das Zentralion (z.B. Al^{3+}) an den Ecken eines Oktaeders umgeben, VIII bei würfeliger Umgebung, wenn die umgebenden Ionen an den Ecken eines Würfels um das entsprechend größere Zentralion (z.B. Ca^{2+} im Flußspat CaF_2) angeordnet sind, und XII, die in der dichtesten Kugelpackung vorliegt, wo jeder Baustein von 12 gleichgroßen Nachbarn umgeben ist, die an den Ecken eines Kubooktaeders angeordnet sind.

Nach dieser Schreibweise stellen sich die auf S. 20, 21 genannten Gruppen von Silikaten wie folgt (vgl. Abb. 1–3) dar:

Si : 0	Anion	Wertigkeit	Beispiel
1 : 4	$[SiO_4]$	4–	Olivin
2 : 7	$[Si_2O_7]$	6–	Melilith
1 : 3	$[SiO_3]_3$	6–	Wollastonit
1 : 3	$[Si_2O_6]$	4–	Pyroxen
4 : 11	$[Si_4O_{11}]$	6–	Amphibol
2 : 5	$[Si_4O_{10}]$	4–	Glimmer
1 : 2	$[SiO_2]$		Quarz

Eine Zusammenstellung der für die Silikate wichtigsten Ionen nach der Größe ihrer Wirkungsradien ohne Rücksicht auf ihre Wertigkeit zeigt Tab. 8. Hier stehen Ionen mit etwa gleich großen Wirkungsradien in Reihen nebeneinander, innerhalb dieser Reihen nach ihrer Wertigkeit geordnet. Die umrandeten Reihen werden als Hauptionenreihen bezeichnet: die in ihnen stehenden Bausteine können sich im Kristallgitter ohne Schwierigkeiten auch bei gewöhnlicher Temperatur ersetzen und dadurch

Mischkristalle bilden, während das bei Ionen aus verschiedenen Reihen im allgemeinen nicht oder nur sehr beschränkt möglich ist.

Zwischen den Hauptionenreihen finden sich in Zwischenreihen je ein oder zwei Ionen mit intermediärer Raumbeanspruchung, die sowohl Bausteine der darüber als auch der darunter stehenden Reihe ersetzen können. So kann z.B. Al^{3+} in den Silikaten das Mg^{2+} und auch das Si^{4+} vertreten, ebenso kann Mn^{2+} im Gitter an die Stelle von Fe^{2+} oder von Ca^{2+} treten.

Tabelle 8. *Die Wirkungsradien einiger Ionen in Å (nach* MACHATSCHKI u. KLEBER)

| | | Cs^+ | | | |
| | | 1,65 | | | |

Rb^+

1,49

| K^+ | Ba^{2+} | Pb^{2+} |
| 1,33 | 1,43 | 1,32 |

Sr^{2+}

1,27

| Na^+ | Ca^{2+} | Y^{3+} | Ce^{3+} | U^{4+} | Th^{4+} |
| 0,98 | 1,06 | 1,06 | 1,18 | 1,05 | 1,10 |

Mn^{2+} Zr^{4+}

0,91 0,87

| Li^+ | Mg^{2+} | Fe^{2+} | Cr^{3+} | Fe^{3+} | Sc^{3+} | Ti^{4+} | Sb^{5+} | Nb^{5+} |
| 0,78 | 0,78 | 0,82 | 0,64 | 0,67 | 0,83 | 0,64 | 0,62 | 0,69 |

Al^{3+} Ge^{4+}

0,57 0,44

| Be^{2+} | Si^{4+} | P^{5+} | As^{5+} | S^{6+} | Cr^{6+} | Mn^{7+} |
| 0,34 | 0,39 | 0,35 | 0,46 | 0,34 | 0,35 | 0,46 |

B^{3+}

0,20

| C^{4+} | N^{5+} |
| 0,2 | 0,15 |

| $(OH)^-$ | F^- | Cl^- | J^- | O^{2-} | S^{2-} |
| 1,33 | 1,33 | 1,81 | 2,20 | 1,32 | 1,74 |

Durch diesen sog. *diadochen Ersatz* kommt es zur Bildung von Mischkristallen, die bei den natürlichen und synthetischen Mineralen eine große Rolle spielen. Bei gewöhnlicher Temperatur können wir mit Mischkristallen rechnen, wenn sich die Wirkungsradien um nicht mehr als etwa 10–15% unterscheiden.

Als Beispiel für die Mischkristallbildung seien zunächst die Karbonate erwähnt, weil die Verhältnisse bei ihnen leichter zu übersehen sind. Magnesit, $MgCO_3$ bildet Mischkristalle mit Siderit ($FeCO_3$), denn die beiden Kationen Mg^{2+} und Fe^{2+} stehen in der gleichen Reihe und unterscheiden sich in ihrer Größe um etwa 5 %. Ebenso bildet Magnesit Mischkristalle mit Rhodochrosit (Manganspat) $MnCO_3$, Größenunterschied der Ionen etwa 14 %, nicht aber mit Kalkspat $CaCO_3$, denn der Größenunterschied der Kationen Ca^{2+} und Mg^{2+} liegt bei 26 %. Ca^{2+} und Mg^{2+} stehen daher in verschiedenen Ionenreihen, Mn intermediär dazwischen, es sind also auch Mischkristalle zwischen Kalkspat $CaCO_3$ und Manganspat $MnCO_3$ möglich, denn der Größenunterschied ihrer Kationen liegt bei 14 %. Zwischen $CaCO_3$ und $MgCO_3$ existiert dagegen keine Mischungsreihe, sondern nur eine stöchiometrische Verbindung, das Doppelsalz Dolomit $CaMg[CO_3]_2$.

Ersetzen sich im Kristallgitter Bausteine mit verschiedener Wertigkeit, so muß notwendig bei diesem Ersatz auch ein Valenzausgleich eintreten, d.h., die Summe der positiven Valenzen muß der Summe der negativen Wertigkeiten gleich sein.

Ein Beispiel hierfür geben die *Feldspäte*, die zu den Gerüstsilikaten gehören, welche aus einem dreidimensional unendlichen Gerüst von SiO_4-Tetraedern aufgebaut sind. Im Silikatgitter kann das Si^{4+} bis zu 50 % durch Al^{3+} ersetzt werden. Die durch diesen Ersatz freigewordenen Valenzen werden durch die Kationen abgesättigt, die in die Hohlräume des Netzwerkes eingelagert sind. So hat Orthoklas die Formel $K[AlSi_3O_8]$, Albit die Formel $Na[AlSi_3O_8]$ und Anorthit die Zusammensetzung $Ca[Al_2Si_2O_8]$. Bei den Alkalifeldspäten, in denen ein Viertel des Si^{4+} durch Al^{3+} ersetzt ist, ist die freie Valenz je Formeleinheit durch das einwertige Alkaliion abgesättigt, während im Anorthit die beiden durch den Ersatz von zwei Si^{4+} je Formeleinheit entstandenen freien Valenzen durch das zweiwertige Kalziumion innerhalb des Gitters abgesättigt werden.

Die elektrostatische Valenzregel ist immer dann erfüllt, wenn die Summe der positiven und der negativen Wertigkeiten je Formeleinheit gleich ist.

Auch bei komplizierteren Silikatformeln, wie wir sie z.B. bei den Glimmern und glimmerartigen Tonmineralen vor uns haben, ist das der Fall. Als Beispiel seien noch einmal die Formeln des Muskovits und des Biotits angeführt:

Muskovit: $KAl_2[(OH,F)_2|AlSi_3O_{10}]$. Hier ist im Tetraederverband ein Viertel des Si durch Al ersetzt, diese Valenz wird durch das K^+ abgesättigt; als komplexfremde Kationen finden sich 2(OH oder F), so daß in der eckigen Klammer 22 negative 15 positiven Valenzen gegenüberstehen; dieser Unterschied wird durch die 7 positiven Valenzen der vor der Klammer stehenden Kationen K und 2 Al ausgeglichen.

Biotit: $K(Mg,Fe,Mn)_3[OH,F)_2|AlSi_3O_{10}]$. Der Anionenkomplex in der eckigen Klammer ist der gleiche wie bei Muskovit. Auch hier sind 7 negative Wertigkeiten im Überschuß, die durch die Kationen vor der eckigen Klammer abgesättigt werden. Neben dem K^+ finden sich 3 Kationen von Mg, Fe oder Mn, die sich hier in wechselnden Mengen gegenseitig ersetzen können, denn sie besitzen gleiche Wertigkeit und ähnlichen Wirkungsradius, sie stehen in der gleichen Ionenradienreihe bzw. in der benachbarten Zwischenreihe (Tab. 8, S. 23).

B. Mineralogie und Struktur der Tonminerale

Als Tonminerale werden diejenigen Minerale bezeichnet, die für die Tone charakteristisch sind und sie vorwiegend aufbauen. Nach CORRENS werden die Bestandteile der Tone in fünf Gruppen eingeteilt:

1. *Verwitterungsneubildungen*, das sind die Tonminerale im engeren Sinne, die im Laufe der Verwitterung, zum Teil erst im Sediment neugebildet werden und durch eine Schichtgitterstruktur gekennzeichnet sind.

2. *Verwitterungsreste:* Minerale, die der Verwitterung widerstanden und als Reste der ursprünglichen Gesteine in den Ton gelangt sind. Dies sind z.B. Quarz, Feldspat, sowie ein Teil der Glimmer, soweit sie nicht durch die Verwitterung verändert und in glimmerartige Tonminerale oder Illite umgewandelt wurden.

3. *Neubildungen im Sediment:* Zu dieser Gruppe gehören z.B. Pyrit, neugebildete Karbonate, wie Dolomit oder Breunnerit, Sulfate und Glaukonit. Glaukonit ist ebenfalls ein Schichtsilikat, das den Illiten sehr nahe steht und die charakteristischen Eigenschaften der Tonminerale besitzt.

4. *Biogene Beimengungen:* Sie finden sich häufig in marinen Tonen als Reste von Foraminiferen und sind die Ursache für den meist geringen Kalkgehalt. Neben den Kalkschalen kommen auch Kieselschalen in Tonen vor, die von Diatomeen herrühren und im allgemeinen nur in untergeordneter Menge auftreten. Ebenfalls in geringen Mengen enthalten die Tone organische Substanz, die sog. Humussubstanz. Die dunkle Farbe der meisten fetten Tone ist im allgemeinen auf die organische Substanz zurückzuführen, sie verschwindet daher beim Brennen schnell, und die Brennfarbe ist weiß.

5. *Amorphe Bestandteile:* In geringer Menge können in Tonen auch amorphe Bestandteile, z.B. SiO_2, enthalten sein, deren Nachweis nicht ganz einfach ist, da sie keine Röntgeninterferenzen liefern. Die frühere Annahme, daß die Tone vorwiegend aus kolloidaler amorpher „Tonsubstanz" bestehen, hat sich durch die Ergebnisse der Röntgenforschung und durch die Betrachtung im Elektronenmikroskop als irrig erwiesen; und es hat sich gezeigt, daß die feinsten Partikel der Tone fast durchweg Minerale mit einem charakteristischen Kristallgitter sind. Daneben finden sich aber gelegentlich geringe Mengen einer röntgenamorphen Substanz, d.h. einer Komponente, die mit Röntgenstrahlen kein Interferenzbild liefert, entweder weil die Substanz noch völlig amorph ist oder, was wohl häufiger zutrifft, weil die einzelnen Kristallite so klein sind, daß sie kein scharfes Beugungsbild mit Röntgenstrahlen ergeben. Der Nachweis solcher amorphen Substanz in den Tonen ist außerordentlich schwierig.

Die Tonminerale werden zweckmäßig nach ihrem Gitterbau eingeteilt. Wie bereits erwähnt, gehören sie zu den Schichtsilikaten, die durch eine oder zwei zweidimensionale Schichten von SiO_4-Tetraedern aufgebaut werden, welche mit einer Schicht aus Al(OH)-Oktaedern verbunden sind. Diese Schichten bilden ein sog. Schichtpaket, welches entweder aus einer Tetraeder- und einer Oktaederschicht besteht oder in dem jede

Oktaederschicht von zwei Tetraederschichten umgeben ist. Danach können unter den Tonmineralen Zweischichtminerale und Dreischichtminerale unterschieden werden.

Der wichtigste Vertreter der Zweischichtminerale ist der Kaolinit $Al_2[(OH)_4Si_2O_5]$, in dem jedes Schichtpaket aus einer engen Verbindung einer Tetraederschicht mit einer Oktaederschicht besteht, während bei den Dreischichtmineralen, zu denen der Montmorillonit und die Glimmer gehören, jede Oktaederschicht von zwei Tetraederschichten eingefaßt ist. Montmorillonit (ideale Formel) $Al_2[(OH)_2Si_4O_{10}] \cdot nH_2O$, Muskovit KAl $[(OH)_2AlSi_3O_{10}]$.

Eine weitere Unterteilung der Zweischicht- und Dreischichtminerale erfolgt nach Maßgabe ihrer strukturellen und chemischen Zusammensetzung und nach ihren Eigenschaften.

1. Die Zweischichtminerale

Das Schichtpaket der Zweischichtminerale besteht aus einer Tetraeder- und einer Oktaederschicht, deren Verknüpfung wir uns wie folgt denken können: eine zweidimensional unendliche Schicht von SiO_4-Tetraedern, in der jedes Tetraeder mit der Basis in der Ebene liegt und in dieser Ebene über seine drei Ecken mit dem nächsten Tetraeder ver-

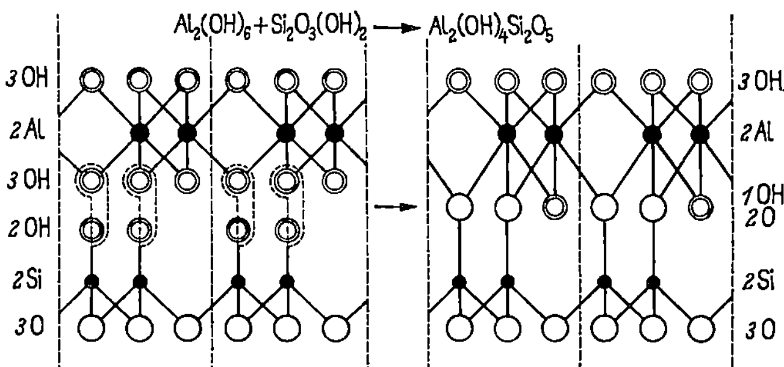

Abb. 4. Kaolinitstruktur, Bildung des Zweischichtpaketes

bunden ist (vgl. Abb. 3), trägt an der Spitze eines jeden Tetraeders ein (OH)-Ion, so daß wir eine elektrostatisch neutrale Schicht $[Si_2O_3(OH)_2]$ vor uns haben. Das andere Bauelement ist eine Oktaederschicht aus Al (OH)-Oktaedern, in der jedes Al^{3+} von 6 $(OH)^-$ umgeben ist: $Al_2(OH)_6$. Diese beiden Schichten sind zu einem Schichtpaket zusammengetreten, wobei sich, wie Abb. 4 zeigt, die an der Spitze der SiO_4-Tetraeder gedachten (OH)-Ionen mit den entsprechenden OH-Ionen der Al(OH)-Oktaederschicht unter Austritt von Wasser verbinden und auf diese Weise beide Schichten durch Brückensauerstoffe fest miteinander verbunden werden:

$$Al_2(OH)_6 + Si_2O_3(OH)_2 \rightarrow Al_2(OH)_4Si_2O_5.$$

Die Kaolingruppe

Das wichtigste Zweischichtmineral ist der Kaolinit $Al_2[(OH)_4Si_2O_5]$, nach der in der Keramik üblichen oxydischen Schreibweise

$$Al_2O_3 \cdot 2\,SiO_2 \cdot 2H_2O\,.$$

Theoretische Zusammensetzung:

SiO_2	39,49%
Al_2O_3	46,55%
H_2O	13,96%

Der Name Kaolinit wurde zuerst im Jahre 1867 von S. W. JOHNSON und J. W. BLAKE für das Mineral des Kaolins verwendet. Ross und KERR fanden später, daß der Kaolinit in drei verschiedenen Modifikationen vorkommt, welche die gleiche chemische Zusammensetzung, aber einen verschiedenen strukturellen Aufbau haben. Es sind dies die Modifikationen *Kaolinit*, *Dickit* und *Nakrit*.

a) **Kaolinit.** Kaolinit kommt in keramischen Tonen, in marinen Sedimenten, im Geschiebemergel, in Ackerböden vor, in Kaolinen ist er das Hauptmineral.

Abb. 5. (1493) Kaolin von Milos.
Vergr. el.-opt. 15 000 : 1

Im allgemeinen ist der Kaolinit idiomorph ausgebildet in pseudohexagonalen Plättchen mit einer Größe von 0,3 bis rund 4 µm und einer Dicke von 0,05 bis etwa 2 µm. Im Schnaittenbacher und im Hirschauer Kaolin finden sich Einzelkristalle, die schon lichtmikroskopisch zu erkennen sind. Im allgemeinen sind die Einzelteilchen aber so klein, daß sie nur mit dem Elektronenmikroskop sicher aufgelöst werden können. Abb. 5 und 6 zeigen Kaolinitkristalle in elektronenmikroskopischer Vergrößerung.

Oft treten diese Plättchen zu Aggregaten zusammen (Abb. 6), die mit den Schichtflächen bzw. Plättchenebenen aufeinander liegen und geldröllchenartige Aggregationen bilden können. In Abb. 7, einem elektronenmikroskopischen Bild eines Ultradünnschnittes des Schnaittenbacher Kaolins, sind solche wurmförmigen Aggregationen im Querschnitt abgebildet, wie sie nicht nur im Elektronenmikroskop,

Abb. 6. (590). Hirschauer Testkaolin, feinstgeschlämmt.
Vergr. el.-opt. 15 000 : 1

sondern auch im Lichtmikroskop erkannt werden können. Die Einzelplättchen sind etwa 0,1–0,05 µm dick, das Gesamtaggregat rund 1 µm.

Abb. 7. (49/61) Schnaittenbacher Kaolin, Ultradünnschnitt. Vergr. el.-opt. 8000 : 1

In den Tab. 9 und 10 sind die lichtoptischen Daten und die Gitterkonstanten der Kaolinminerale zusammengestellt. Kaolinit ist triklin, wie die von BRINDLEY und ROBINSON mittels Röntgenpulveraufnahmen durchgeführte Strukturbestimmung auf Grund von etwa 80 Interferenzen erwiesen hat. Abb. 8 gibt ein Bild seines strukturellen Aufbaus.

Die Netzebenenabstände und Intensitäten der Röntgenpulverdiagramme zeigt Tab. 11. Auch in der Elektronenbeugung einzelner Kaolinitkristalle ergeben sich die gleichen Netzebenenabstände, die der Berechnung BRINDLEYS entsprechen, wie aus Tab. 12 hervorgeht (vgl. den Abschnitt über die elektronenoptische Untersuchung S. 64 ff.).

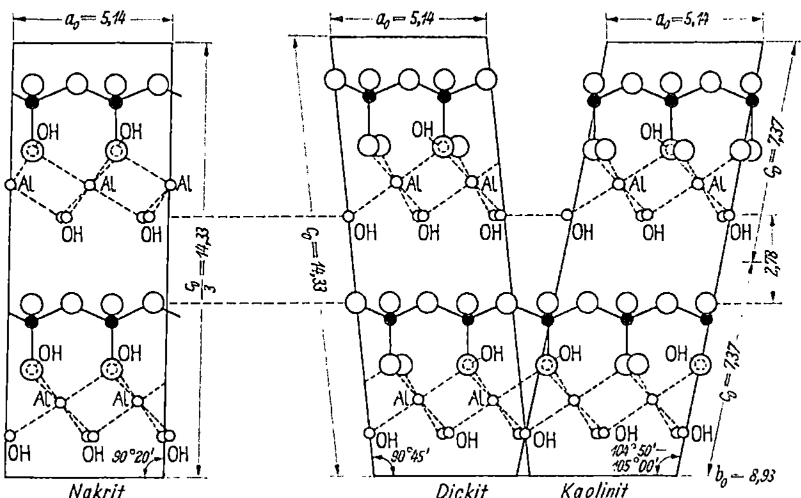

Abb. 8. Projektion der Strukturen von Nakrit, Dickit und Kaolinit in Richtung der b-Achse (nach GRUNER aus JASMUND)

β) **Dickit und Nakrit.** Kurz seien noch die beiden anderen Modifikationen des Kaolinits, Dickit und Nakrit, besprochen. Sie sind beide wahrscheinlich hydrothermaler Entstehung, was aus der Art ihres Vorkommens und ihrer Mineralvergesellschaftung geschlossen werden kann.

Tabelle 9
Die Minerale der Kaolin-Gruppe – Optische Daten (nach GRIM, JASMUND, CORRENS)

	n_α	n_γ	$n_\gamma - n_\alpha$	Opt. Char.	$2V$	Disp.
Nakrit $Al_2(OH)_4Si_2O_5$	1,557 bis 1,560	1,563 bis 1,566	0,006	$(-)$	40–90°	$r > v$
Dickit $Al_2(OH)_4Si_2O_5$	1,560 bis 1,562	1,566 bis 1,571	0,006 bis 0,009	$(+)$	52–80°	$r < v$
Kaolinit $Al_2(OH)_4Si_2O_5$	1,553 bis 1,563	1,560 bis 1,570	0,007	$(-)$	~40° 24–50°	$r > v$
Fehlgeordneter Kaolinit (Fireclay) $Al_2(OH)_4Si_2O_5$	1,552–1,563 1,568		schwach			
Halloysit $Al_2(OH)_4Si_2O_5 \cdot 2H_2O$	theor. 1,490 1,528–1,542 1,526–1,532					
Metahalloysit $Al_2(OH)_4Si_2O_5$	1,549–1,551 1,548–1,556		0,002 bis 0,001			

Tabelle 10. *Die Minerale der Kaolin-Gruppe – Gitterkonstanten*
(nach GRIM, JASMUND, STRUNZ)

		a_0	b_0	c_0	
Nakrit $Al_2(OH)_4Si_2O_5$	mon. C_s^4–Cc	5,15	8,95	43	$\beta = 90,3°$
Dickit $Al_2(OH)_4Si_2O_5$	mon. C_s^4–Cc	5,145	8,882	14,337	$\beta = 96,75°$
Kaolinit $Al_2(OH)_4Si_2O_5$	trikl. C_i^1–Pl	5,14	8,93	7,37	$\alpha = 91,8°$ $\beta = 104,5$–105° $\gamma = 90°$
Fehlgeordneter Kaolinit (Fireclay) $Al_2(OH)_4Si_2O_5$	pseudo- mon.	wie Kaolinit		7,15–7,20	$\alpha = 90°$
Halloysit $Al_2(OH)_4Si_2O_5 \cdot 2H_2O$	mon. C_s^3–Cm	5,13	8,9	10,1–9,5	$\beta = 100,2°$
Metahalloysit $Al_2(OH)_4Si_2O_5$	mon. C_s^3–Cm	5,15	8,9	7,9–7,5	$\beta = 100,2°$

Dickit. Dickit findet sich in Gängen, Adern und Hohlräumen verschiedener Gesteine, z. B. in Quarzdrusen im Witwatersrandgebiet (Südafrika). Er wird allgemein in Gesellschaft von Sulfiden gefunden und kommt in Arkansas zusammen mit Zinnober vor. Im Neuroder Schieferton ist er neben Diaspor das Hauptmineral und durchsetzt außerdem das Gestein in Form von dichten Gängen, deren Mineral Pholerit genannt wird.

Tabelle 11. *Netzebenenabstände, Intensitäten und Indizierung der Pulverdiagramme von geordnetem Kaolinit, fehlgeordnetem Kaolinit und Metahalloysit* (nach BRINDLEY u. ROBINSON)

Kaolinit			Fehlgeordneter Kaolinit			Metahalloysit		
I	*d*	hkl	hkl	*d*	*I*	001 od. hk	*d*	*I*
10+	7,15	001	001	7,15	10	001	7,2–7,5	8
4	4,45$_5$	020	02, 11	4,45$_5$	8			
6	4,35	$1\bar{1}0$	110*	4,36	2	02, 11	4,422	10+
6	4,17	$11\bar{1}$	$11\bar{1}$*	4,14$_5$	2			
3	4,12	$1\bar{1}\bar{1}$						
4	3,837	$02\bar{1}$						
2	3,734	021						
10+	3,566	002	002	3,57	10	002	3,578	8
4	3,365	111						
2	3,138	$11\bar{2}$						
2	3,091	$1\bar{1}\bar{2}$						
2	2,748	022						
8	2,553	$20\bar{1}$ $1\bar{3}0$ 130	$20\bar{1}$ 130	2,55$_5$	7	13, 20	2,559	7
4	2,521	$13\bar{1}$ $1\bar{1}2$	$13\bar{1}$	2,50	7		(2,48)	2
9	2,486	$1\bar{3}\bar{1}$ 112 200	200					
7	2,374	003	003	2,375	7	003	2,403	2
10	2,331	$20\bar{2}$ $1\bar{3}1$ $11\bar{3}$	$20\bar{2}$ 131	2,325	8b		(2,33)	2
9	2,284	$1\bar{1}\bar{3}$ 131						
1	2,243	$13\bar{2}$,040				04, 22	2,218	1
3	2,182	$1\bar{3}\bar{2}$,2$\bar{2}$0						

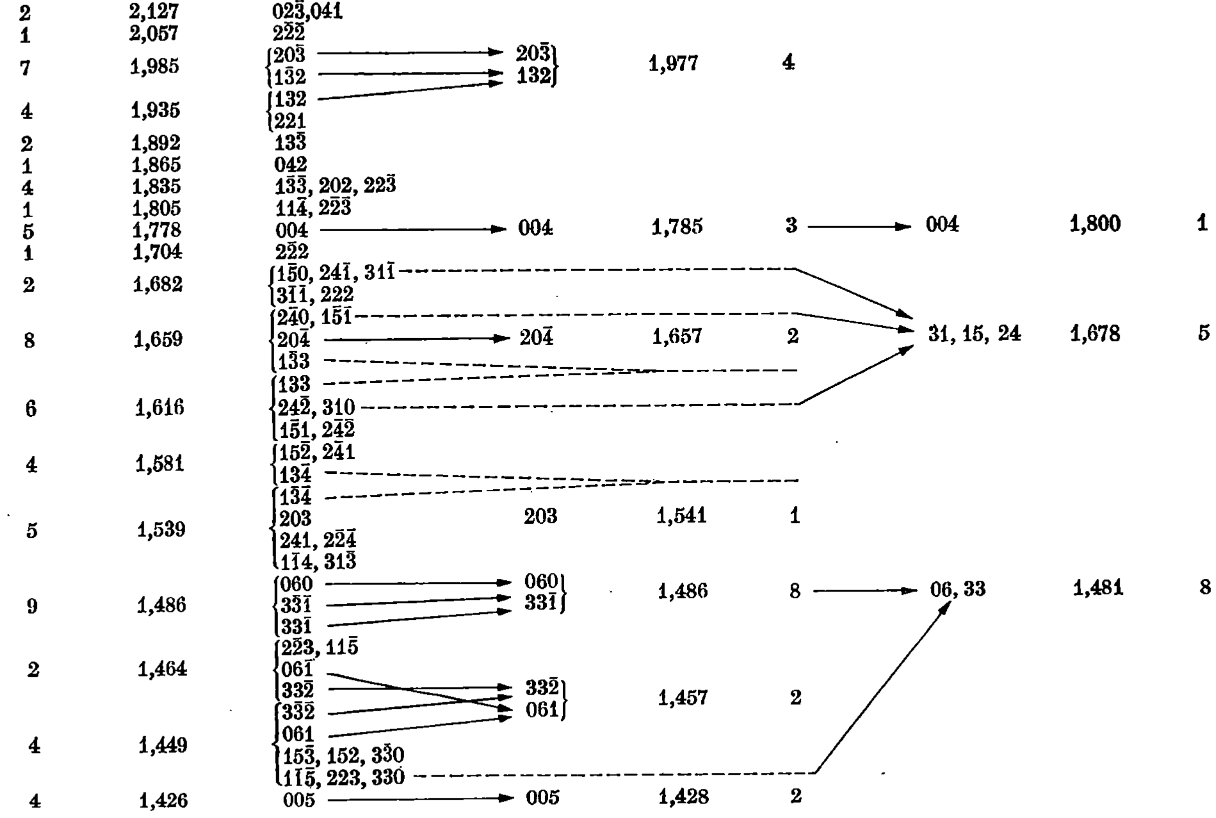

* Schwache Linien, die nicht immer beobachtet wurden, sie können von Verunreinigungen herrühren.

Seinen Namen erhielt das Mineral nach DICK, der im Jahre 1888 ein Mineral der Kaolingruppe von der Insel Anglesey in Wales beschrieben hatte, welches Ross und KERR als Dickit erkannten und bezeichneten.

Dickit bildet meist pseudohexagonale Kristalle, die die Größe von 1 mm erreichen können. Die optischen Daten sind in Tab. 9 angegeben, der wesentliche Unterschied zum Kaolinit ist der positive Charakter der Doppelbrechung bei einem großen Achsenwinkel.

Tabelle 12. *Elektronenbeugungsinterferenzen von Kaolinit*

hkl	A.779 d (Å)	BRINDLEY[1] d_ber (Å)	PINSKER[2] d_beob (Å)	SUITO u. UYEDA[3] d_beob (Å)
020	4,43	4,460	4,435	$4,44_7$
$\bar{1}10$	4,40	4,361		$4,22_1$
110	4,40	4,323		
$\bar{1}30$	2,54	2,561	2,56	$2,55_8$
130	2,54	2,543		
200	2,52	2,485		$2,49_4$
040	2,22	2,230		2,24
$\bar{2}20$	2,21	2,178	2,23	
220	2,18	2,161		
$\bar{1}50$	1,675	1,686	1,68	$1,67_5$
150	1,670	1,676		
$\bar{2}40$	1,670	1,666		$1,65_3$
240	1,664	1,654		
$\bar{3}10$	1,664	1,631		$1,62_4$
310	1,664	1,627		
060	1,470	1,487		$1,49_2$
$\bar{3}30$	1,470	1,452	1,49	1,43
330	1,474	1,439		
$\bar{2}60$	1,274	1,280	1,29	$1,27_8$
260	1,274	1,271		
400	1,274	1,243		$1,22_7$
$\bar{1}70$	1,224	1,237	1,235	
170	1,221	1,232		
$\bar{3}50$	1,224	1,221		
350	1,221	1,210		
$\bar{4}20$	1,229	1,199		
420	1,218	1,194		
080	1,102	1,115		
$\bar{4}40$	1,109	1,089	1,11	
440	1,106	1,081		
$\bar{2}80$		1,021	1,015	
280	1,011	1,015		
$\bar{3}70$		1,015		
370	1,011	1,006		
$\bar{1}90$			0,97	
190	0,97	0,97		
$\bar{4}60$				
460	0,97			

[1] BRINDLEY, G. W., u. K. ROBINSON: The structure of kaolinite. Miner. Mag. 27 (1946) 242–253.
[2] PINSKER, Z. G.: Electron Diffraction, London 1953, T. 13, 283.
[3] SUITO, E., u. N. UYEDA: A Study of the Clay Minerals from Kurata Mine by the Electron Micro-Diffraction Method. Proc. Japan Acad. 32 (1956) 177–181.

Die Gitterkonstanten sind in Tab. 10 aufgeführt. Die Netzebenenabstände und Intensitäten der Pulverdiagramme von Dickit finden sich in Tab. 13. Die einzelnen Schichtpakete sind gegeneinander in Richtung der b-Achse um einen bestimmten Betrag von $b_0/3$ verschoben, so daß jede dritte Schicht dieselbe Lage wie die erste hat. Die Identitätsperiode in Richtung der c-Achse ist daher doppelt so groß wie beim Kaolinit (Abb. 8).

Die Strukturformel ist die gleiche wie beim Kaolinit

$$Al_2[(OH)_4Si_2O_5].$$

Die Röntgenpulverdiagramme sind infolge des größeren und geordneteren Kristallbaus klarer und schärfer als bei den meisten Kaoliniten.

Tabelle 13. *Röntgenpulverdiagramme von Nakrit und Dickit*

| Nakrit | | Dickit | | | |
| GRUNER | | GRUNER | | BRINDLEY u. ROBINSON | |
d	I	d	I	d	I
7,08	10	7,12	10	7,16	10
4,40	8	4,43	4	4,443	7
4,13	3			4,366	7
3,93	2 b			4,265	5
3,58	9	4,15	3	4,121	7
3,44	1 b	3,95	5	3,954	3
3,04	1 b	3,79	1–2	3,790	8
2,537	1 b	3,578	10	3,575	10–
2,418	10	3,439	$^1/_2$–1	3,425	5
2,393	1–2			3,247	2
2,319	1?			3,097	2
2,263	$^1/_2$–1 b			2,931	2
2,069	1 sb			2,790	2
1,902	2–3 sb	2,634	1–2	2,651	$^1/_2$
1,795	1	2,566	3–4	2,560	4
1,744	$^1/_2$–1 b	2,514	4	2,518	1
1,675	2?			2,501	6
1,616	2 b	2,384	5	2,383	3
1,583	1	2,328	5	2,318	8
1,486	8	2,180	$^1/_2$ d	2,207	2
1,455	4 b	2,099	$^1/_2$	2,099	$^1/_2$
1,434	$^1/_2$–1	1,976	4		
1,358	1–2 sb	1,895	$^1/_2$		
1,314	$^1/_2$	1,859	1		
1,284	1	1,792	3		
1,263	3	1,718	$^1/_2$		
1,230	2 sb	1,649	4		
1,208	$^1/_2$–1	1,555	3		
1,195	1	1,490	5		
		1,455	2		
		1,431	2		
		1,391	1		
		1,374	1		
		1,317	4		

b = breit, sb = sehr breit

Nakrit. Nakrit ist das seltenste Mineral der Kaolingruppe und ebenfalls hydrothermaler Entstehung. Im Jahre 1931 gelang es Ross und KERR, den Nakrit mit Hilfe der röntgenographischen Untersuchung von den beiden anderen Modifikationen zu unterscheiden.

Nakrit findet sich zusammen mit Bleiglanz bei Brand in Sachsen, ferner in Colorado zusammen mit Glimmer und Kryolith. Ferner seien hier die Vorkommen von Finnland und England genannt. Nakrit bildet meist größere Kristalle, die mehrere Millimeter lang werden können. Häufig sind sie verzwillingt nach (110). Sie sind durchsichtig, farblos und muskovitähnlich, besitzen eine gute Spaltbarkeit nach der Basis und haben ein spezifisches Gewicht von etwa 2,5. Die optischen Daten sind in Tab. 9, S. 29 angegeben, die Gitterkonstanten in Tab. 10. Es fällt auf, daß die Identitätsperiode in Richtung der *c*-Achse mit 43 Å etwa 6mal so groß ist wie beim Kaolinit. Das rührt daher, daß die einzelnen Schichtpakete um geringe Beträge gegeneinander verschoben sind und erst das siebte Schichtpaket wieder in der Lage des ersten vorliegt. Daraus erklärt sich die Bildung von relativ großen und gut ausgebildeten Kristallen. Die Netzebenenabstände und Intensitäten der Pulverdiagramme sind in Tab. 13 aufgeführt; den Gitterbau zeigt Abb. 8.

γ) Fehlgeordneter Kaolinit (Fireclay-Mineral). Neben dem idealen Kaolinit mit einer regelmäßigen Struktur finden sich in feuerfesten Tonen

Abb. 9. (776) Ton von Beaujard < 2 μm.   Abb. 10. (949) Ton II. Provins < 6 μm.
Vergr. el.-opt. 15000 : 1   Vergr. el.-opt. 15000 : 1

häufig Minerale der Kaolingruppe, die durch eine Unordnung in ihrem Kristallgitter charakterisiert sind. Diese Fehlordnung entsteht dadurch, daß die einzelnen Schichtpakete in Richtung der *b*-Achse nicht geordnet, sondern um Vielfache von $b_0/6$ verschoben sind. Dies hat eine Verbreiterung und Vereinfachung des Röntgendiagramms zur Folge, in dem außer den Basisinterferenzen nur noch wenige Linien scharf sind. Morphologisch ist der fehlgeordnete Kaolinit vom Typus des Fireclay idiomorph ausgebildet und zeigt feine hexagonale Kristalle. Die Unordnung im Gitter hat also auf die Gestalt der Kristalle keinen grundsätzlichen Einfluß (Abb. 9 u. 10).

Eine Unterscheidung zwischen geordnetem Kaolinit und fehlgeordnetem Kaolinit (Fireclay-Mineral) ist in Röntgenkammern mit großer Auflösung oder in Zählrohrdiagrammen möglich. Dabei finden sich zwischen den Interferenzen (001) und (002) beim Kaolinit sechs diskrete Linien, während im fehlgeordneten Kaolinit (Fireclay-Mineral) nur eine breite Bande vorhanden ist. Im gut geordneten Kaolinit sind im Bereich von $d = 2,55$ und $d = 2,48$ Å zwei Tripletts und ein Duplett von Interferenzen, beim fehlgeordneten Kaolinit (Fireclay-Mineral) nur zwei Dupletts vorhanden. Schließlich liegt die innerste Interferenz beim idealen

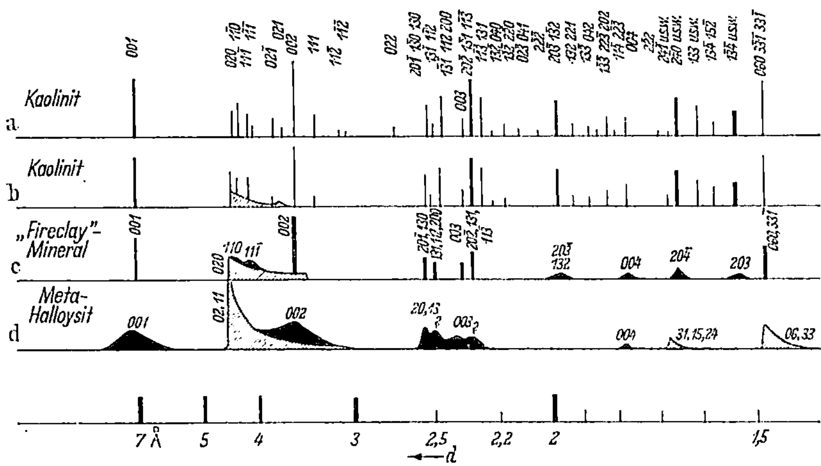

Abb. 11. Graphische Darstellung der d-Werte und der dazugehörigen Linienintensitäten von Kaolinit, Fireclay-Mineral und Metahalloysit (nach BRINDLEY u. ROBINSON aus JASMUND)

Kaolinit bei 7,15 Å, beim fehlgeordneten Kaolinit (Fireclay-Mineral) zwischen 7,15 und 7,20 Å (vgl. Tab. 11, S. 30 u. Abb. 11).

Röntgenographisch steht der fehlgeordnete Kaolinit (Fireclay-Mineral) zwischen Kaolinit und Metahalloysit. Er ist monoklin bzw. pseudomonoklin und hat eine Elementarzelle wie Kaolonit, nur daß der Winkel α 90° beträgt (vgl. Tab. 10, S. 29). Da bei allen beobachteten Interferenzen der Index $k = n \cdot 3$ ist, d.h. $k = 0, 3, 6$, ist eine willkürliche Verschiebung der Schichtpakete in Richtung der b-Achse um $b_0/3$ anzunehmen.

Nur die Interferenz (020) des Kaolinit tritt auch hier auf, doch ebenso wie beim Halloysit als breite Bande; sie ist daher als zweidimensionale Interferenz zu deuten, welche auf die Regelmäßigkeit des Aufbaus innerhalb des Kaolinit-Schichtpakets hinweist, und muß als Kreuzgitterinterferenz mit (02) indiziert werden.

d) **Halloysit und Metahalloysit.** Die Tonminerale Halloysit und Metahalloysit sind als Endglieder der Kaolingruppe aufzufassen, denn die

3*

Formel des Metahalloysit ist identisch mit der Formel für Kaolinit, während der Halloysit zusätzlich 2 Moleküle Wasser enthält, die zwischen den Kaolinit-Schichtpaketen angeordnet sind: $Al_2[(OH)_4Si_2O_5] \cdot 2H_2O$.

Seinen Namen erhielt das Mineral im Jahre 1826 von BERTHIER, der es in Einlagerungen von Kalksteinen aus dem Karbon in der Nähe von Lüttich in Verbindung mit Zink- und Eisenablagerungen beschrieben hat.

Halloysit kommt häufig mit Kaolinit zusammen vor, bekannt ist das Vorkommen von Djebel Debar in Algier. Auch im Porzellanton der Manufaktur in Sèvres bildet er das Hauptmineral. In neuerer Zeit sind Vorkommen aus Brasilien, Frankreich und Jugoslawien und aus dem Fichtelgebirge beschrieben worden.

Halloysit tritt in der Natur in kompakten dichten Massen mit muschligem Bruch auf, ist weiß bis hellfarbig und von so geringer Teilchengröße, daß die einzelnen Kristalle erst mit dem Elektronenmikroskop abgebildet werden konnten. Die ursprüngliche Annahme, daß es sich um leistenför-

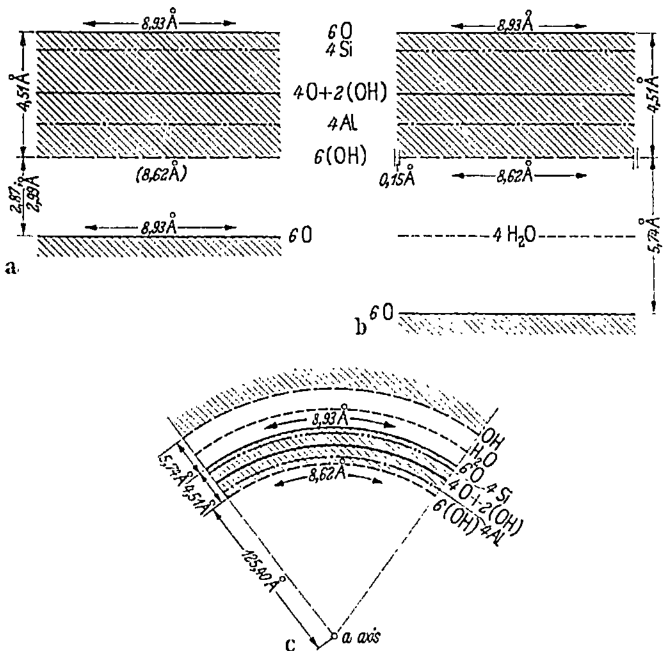

Abb. 12 a–c. Anordnung der Schichtpakete im Kaolinit und Halloysit, schematisch (nach BATES u. Mitarb.) a) Kaolinit; b) Halloysit nach HENDRIKS; c) Halloysit nach BATES

mige Kristalle handelt, wurde durch die Arbeit von BATES, HILDEBRAND und SWINEFORD im Jahre 1950 korrigiert, die überzeugend nachwiesen, daß der Halloysit aus röhrchenförmigen Kristallen besteht. Abb. 12 zeigt schematisch die Anordnung der Schichtpakete in Kaolinit und in Halloysit.

Im Kaolinit liegen die Schichtpakete aus Tetraeder- und Oktaederschichten mit einem Zwischenraum von knapp 3 Å relativ dicht aufeinander. Die Tetraederseite wird mit Sauerstoffionen, die in der Elementarzelle einen Raum von 8,93 Å beanspruchen, besetzt, die Oktaederseite mit (OH)-Ionen mit einer Raumbeanspruchung von 8,62 Å je Elementarzelle. Im Halloysit sind zwischen den Schichtpaketen zwei Moleküle Wasser je Elementarzelle eingelagert, und daher haben sie einen freien Abstand von 5,74 Å. Der Raumbedarf der OH-Ionen je Elementarzelle beträgt 8,62 Å, der der O-Ionen 8,93 Å. Diese Differenz von 0,31 Å wird im Kaolinit

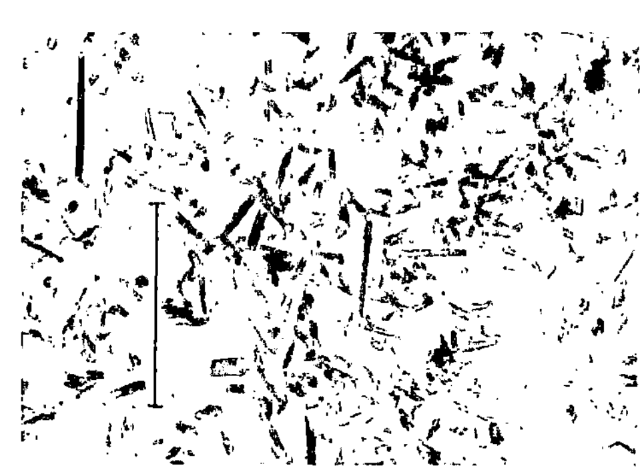

Abb. 13. (363/62) Halloysit von Djebel Debar. Vergr. el.-opt. 20000 : 1

durch die polarisierende Wirkung der Sauerstoffionen auf der Oberseite jeden Schichtpaketes ausgeglichen; dadurch werden die (OH)-Ionen der Unterseite des darüberliegenden Schichtpaketes gestreckt, es kommt zur Ausbildung von flachen Kristallen. Im Halloysit aber sind die streckenden Kräfte der Sauerstoffionen zu klein, um über die Entfernung von mehr als 5 Å zwischen Ober- und Unterseite der Schichtpakete auf die (OH)-Ionen einzuwirken. Die Schichtpakete rollen sich daher – ähnlich wie photographische Abzüge beim Trocknen der verschiedenen Schrumpfung wegen – leicht ein. Durch die Einlagerung der Wassermoleküle zwischen die Schichtpakete ist der röhrchenförmige Aufbau zu erklären. Die Durchmesser der Halloysitröhrchen betragen

Abb. 14. (1710) Halloysit von Dulbenden, Eifel. Vergr. el.-opt. 31000 : 1

außen 400–1900 Å, im Mittel 700 Å,
innen 200–1000 Å, im Mittel 400 Å,
die Wandstärken
100– 700 Å, im Mittel 200 Å
(vgl. Abb. 13).

Besonders deutlich ist die Röhrchenform im Halloysit von Dulbenden zu erkennen (Abb. 14).

Fast gleichzeitig mit der Arbeit von BATES und Mitarbeitern fanden W. NOLL und H. KIRCHER eine ähnliche Röhrchenstruktur beim Chrysotil.

Das Zwischenschichtwasser des Halloysit ist nur ganz schwach gebunden und kann schon bei Temperaturen unter 50 °C irreversibel aus dem Halloysit austreten. Dabei entwässert er zu Metahalloysit, und die Röhrchen fallen zusammen und bilden an den Enden aufgeschlitzte, zum Teil mit Längsstreifen versehene Leisten (vgl. auch Abb. 29). Zu beachten ist, daß eine Umwandlung von Metahalloysit in Halloysit, also eine Wiederaufnahme des Wassers, nicht beobachtet wurde, die Entwässerung ist also irreversibel.

2. Die Dreischichtminerale

Das Schichtpaket der Dreischichtminerale besteht aus einer Oktaederschicht, die auf beiden Seiten von einer Tetraederschicht umgeben ist. Die Verknüpfung dieser drei Schichten können wir uns, ähnlich wie es bei den Zweischichtmineralen besprochen worden ist, in der Weise den-

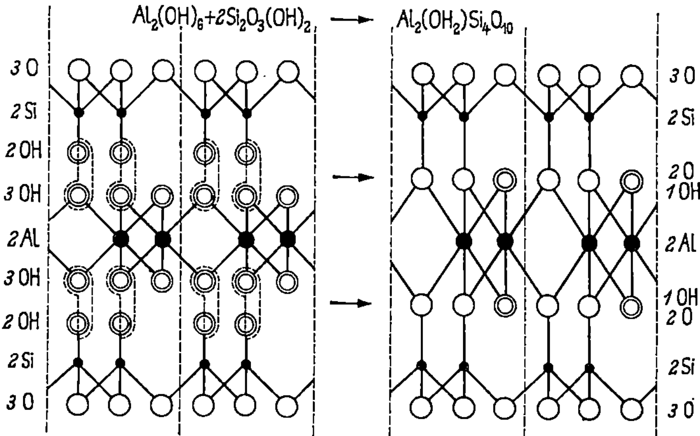

Abb. 15. Strukturschema des Montmorrilonits, Bildung des Dreischichtpaketes

ken, daß eine Al$_2$(OH)$_6$-Oktaederschicht mit zwei hypothetischen Si$_2$O$_3$(OH)$_2$-Tetraederschichten zusammentritt, wobei sich, wie Abb. 15 zeigt, die an der Spitze der SiO$_4$-Tetraeder gedachten OH-Ionen mit den entsprechenden OH-Ionen auf der Oberseite und auf der Unterseite der Al(OH)-Oktaederschicht unter Austritt von Wasser verbinden und auf diese Weise die drei Schichten durch Brückensauerstoffe fest miteinander verbunden werden:

$$Si_2O_3(OH)_2 + Al_2(OH)_6 + Si_2O_3(OH)_2 \rightarrow Si_2O_5(OH)Al_2(OH)Si_2O_5 = Al_2(OH)_2Si_4O_{10}$$

Eine solche Zusammensetzung hat das Mineral *Pyrophyllit*, ein meist blättrig oder schuppig ausgebildetes Mineral, in dem die einzelnen elektrostatisch abgesättigten Schichtpakete zwar geordnet übereinanderliegen, aber nur durch VAN DER WAALSsche Kräfte zusammengehalten werden, woraus sich die gute Spaltbarkeit nach der Plättchenebene (001) und der perlmutterartige fettige Glanz herleiten.

Wird die Oktaederschicht im Innern des Dreischichtpaketes von der Brucitschicht $Mg_3(OH)_6$ gebildet, wie im Talk $Mg_3[(OH)_2Si_4O_{10}]$, dann sind die drei Lücken zwischen den (OH)-Ionen in jeder Elementarzelle durch *drei* zweiwertige Ionen besetzt, während in der Hydrargillitschicht $Al_2(OH)_6$ nur zwei der drei Lücken durch *zwei* dreiwertige Ionen besetzt sind. Man faßt daher alle Schichtsilikate der ersten Art als *trioktaedrische*, die der zweiten Art als *dioktaedrische* Schichtsilikate zusammen. Eine Unterscheidung dieser beiden Gruppen ist röntgenographisch oder mittels Elektronenbeugung durch die Lage der (060)-Interferenz möglich.

a) Die Glimmer

Die wichtigste Gruppe der Dreischichtminerale sind die *Glimmer*, bei denen im allgemeinen ein Viertel des Si^{4+} durch Al^{3+} ersetzt ist. Die dadurch verbleibende freie negative Valenz je Elementarzelle wird durch ein Alkaliion abgesättigt, welches zwischen den Schichtpaketen angeordnet ist und diese zusammenhält. Diese Bindung ist aber wesentlich schwächer als die Bindungen innerhalb der Schichtpakete, wodurch sich die ausgezeichnete Spaltbarkeit nach der Basis und die taflige Ausbildung der Kristalle erklären. Der dioktaedrische Tonerdeglimmer $KAl_2[(OH,F)_2AlSi_3O_{10}]$ wird *Muskovit*, der trioktaedrische

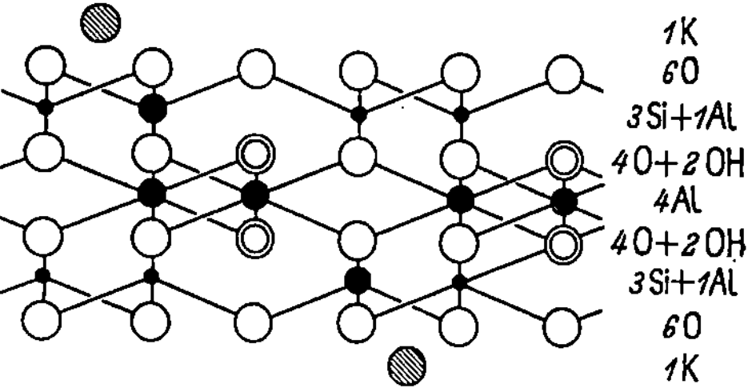

Abb. 16. Muskovit $KAl_2[(OH)_2AlSi_3O_{10}]$

Magnesiumglimmer $KMg_3[(OH,F)_2AlSi_3O_{10}]$ *Phlogopit* genannt. Bei diesen Glimmern ist meist ein Teil des (OH) durch F ersetzt. Die Struktur ist schematisch in Abb. 16 dargestellt.

Die Gruppe der Magnesiumeisenglimmer bildet eine Reihe von Mischkristallen mit kontinuierlichen Übergängen, in denen neben der möglichen Substitution des $(OH)^-$ durch F^- und des Si^{4+} in den Tetraedernetzen durch Al^{3+} auch in der Oktaederschicht das Mg^{2+} durch wechselnde Mengen von Fe^{2+}, Fe^{3+}, Al^{3+}, Mn^{2+}, Mn^{3+} oder Ti^{4+} ersetzt sein kann. So ergibt sich für den *Biotit* die allgemeine Formel

$$K(Mg,Fe,Mn,Al,Ti)_{3-2}[(OH,F)_2AlSi_3O_{10}].$$

Die optischen Daten und die Gitterkonstanten der Glimmerminerale sind in den Tab. 14 u. 15 zusammengestellt. Abb. 17 zeigt feine Muskovitplättchen im elektronenmikroskopischen Bild mit dem indizierten Beugungsdiagramm einer einzelnen Lamelle.

Von den eigentlichen Tonmineralen gehören zu den Dreischichtmineralen die Minerale der Montmoringruppe und die glimmerartigen Tonminerale oder Illite, die im folgenden näher besprochen werden sollen.

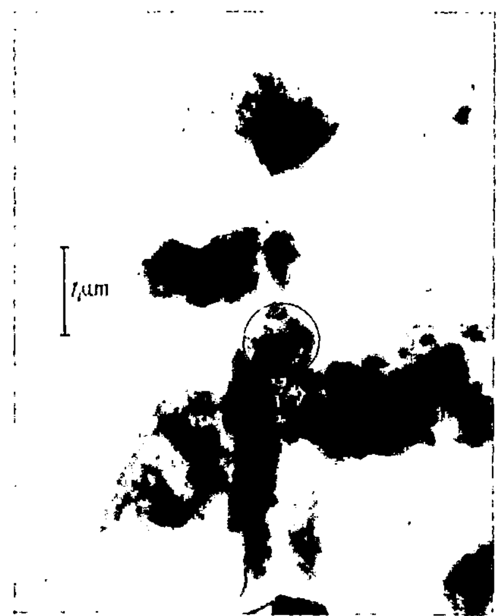 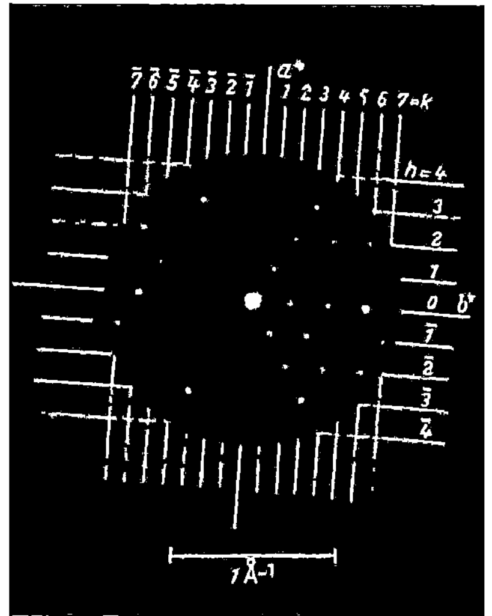

Abb. 17. Muskovit von Effingham, Ontario
a) (213/61) Übersichtsbild. Vergr. el.-opt. 10000 : 1; b) (211/61) Beugungsbild des markierten Bereichs

Tabelle 14. *Glimmerminerale – Optische Daten* (nach CORRENS u. TRÖGER)

Mineral	n_α	n_γ	$n_\gamma - n_\alpha$	Opt. Char.	2 V	Dispersion
Muskovit	1,552 bis 1,57	1,588 bis 1,61	0,036 bis 0,04	(−)	30–45°	$r < v$
	1,552 bis 1,570	1,588 bis 1,624	0,036 bis 0,054	(−)	35–50°	$r > v$
Biotit	1,54–1,60	1,57–1,66	0,03–0,06	(−)	0–10°	$r \gtrless v$
Lepidolith	∼1,54	∼1,56	0,02	(−)	40–45°	$r > v$
Zinnwaldit	1,55–1,57	1,58–1,61		(−)	0–35°	$r > v$

Tabelle 15. *Glimmerminerale – Gitterkonstanten* (nach STRUNZ)

Mineral	Kristallkl. Raumgruppe	a_0	b_0	c_0	β
Muskovit $KAl_2[(OH, F)_2 \mid AlSi_3O_{10}]$	monokl. C_{2h}^6–C 2/c	5,19	9,04	20,08	95,5°
Biotit $K(Mg, Fe, Mn)_3[(OH, F)_2 \mid AlSi_3O_{10}]$	monokl. C_{2h}^6–C 2/c	5,31	9,23	20,36	99,3°
Lepidolith $K(Li, Al)_3[OH, F, O)_2 \mid AlSi_3O_{10}]$	monokl. C_{2h}^6–C 2/c	5,21	8,97	20,16	100,8°
Zinnwaldit $KLiFe^{2+}Al[(OH, F)_2 \mid AlSi_3O_{10}]$	monokl. C_{2h}^6–C 2/c	5,27	9,09	20,14	100,0°

b) Die Minerale der Montmoringruppe

Unter den Dreischichtmineralen spielen die Minerale der Montmoringruppe wegen ihrer interessanten strukturellen und kristallchemischen Zusammensetzung eine besondere Rolle. Hieraus erklärt sich ein Teil ihrer speziellen Eigenschaften, die für das Verhalten in den Tonen von Bedeutung sind.

Sie unterscheiden sich von den Glimmern und den glimmerähnlichen Tonmineralen dadurch, daß die Schichtpakete nicht mehr von einem K^+ zusammengehalten werden. Zwischen ihnen befindet sich eine oder mehrere Wasserschichten mit relativ locker adsorbierten ein- oder zweiwertigen Kationen, welche die durch die Substitution in der Oktaederschicht bedingten freien Valenzen absättigen. Vom Pyrophyllit unterscheidet sich der Montmorillonit durch einen fast immer vorhandenen verschieden starken Ersatz des Al^{3+} in der Oktaeder- und des Si^{4+} in der Tetraederschicht durch zweiwertige oder dreiwertige Ionen.

Eine Folge dieses Ersatzes ist die große Mannigfaltigkeit der einzelnen Mineraltypen dieser Gruppe, die die Fähigkeit der innerkristallinen Quellung besitzen. Das Mineral, welches der gesamten Gruppe den Namen gegeben hat und auch für die Aufklärung der Struktur zuerst genauer untersucht wurde, ist der Montmorillonit, der zunächst besprochen werden soll.

Montmorillonit. Der Name Montmorillonit wurde zuerst von DAMOUR und SALVATAT für ein Mineral benutzt, welches bei Montmorillon in Frankreich gefunden wurde. Es war ein wasserhaltiges Tonerdesilikat mit einem Verhältnis $Al_2O_3 : SiO_2 = 1 : 4$, das auch noch Alkalien und Erdalkalien enthält. LE CHATILIER schrieb ihm die Formel

$$4\,SiO_2 \cdot Al_2O_3 \cdot H_2O + aq.$$

zu.

Wegen der außerordentlichen Feinheit dieses Minerals war eine genauere Untersuchung erst mit Hilfe der Röntgenstrahlen möglich. Dabei stellte sich heraus, daß eine ganze Anzahl von chemisch verschieden zusammengesetzten Mineralen demselben Strukturtyp angehören wie der Montmorillonit, sie wurden daher zunächst als Montmorillonite bezeichnet. Heute faßt man darunter hauptsächlich diejenigen Typen zusammen, die in erster Linie aus SiO_2 und Al_2O_3 bestehen und nur wenig Magnesium- und Eisenoxyd enthalten. Ross erkannte dann, daß alle diese Minerale eine selbständige Gruppe bilden, und 1933 entdeckten HOFMANN, ENDELL und WILM bei der Strukturuntersuchung des Montmorillonits die Eigenschaft der innerkristallinen Quellung, d.h. einer röntgenographisch feststellbaren eindimensionalen Gitteraufweitung. 1935 versuchten GRUNER und MARSHALL eine Deutung des isomorphen Ersatzes im Montmorillonit.

Nach einem Vorschlag von CORRENS werden alle Minerale, die diesem Strukturtyp angehören, als Minerale der Montmoringruppe bezeichnet, eine Wortbildung, die sich an die Bezeichnung Kaolinit für das Zweischichtmineral und Kaolingruppe für die Gesamtheit aller hierher gehörenden Mineralarten anschließt.

Die Minerale der Montmoringruppe haben eine weite Verbreitung. Zunächst sind sie die Hauptbestandteile der amerikanischen Bentonite. Der Name Bentonit wurde zuerst von KNIGHT für einen teilweise kolloiden plastischen Ton vom Fort Benton in Montana (USA) gebraucht. Dieser Ton war durch Umwandlung vulkanischer Aschen entstanden, und man bezeichnete daher alle diejenigen Tone als Bentonite, die Reste vulkanischen Materials enthalten. Heute wird der Name Bentonit für Tone mit starkem Quellvermögen und hoher Plastizität verwandt, auch wenn sie nicht ausschließlich aus vulkanischem Material entstanden sind.

Der Montmorillonit ist ferner ein Hauptmineral der deutschen Walkerden, die als Verwitterungsprodukte z.B. aus Rhyolithen, Trachyten, Lipariten oder basaltischen Gesteinen entstanden sind.

Der Montmorillonit tritt aber auch als Hauptbestandteil von Tonen auf, wie z.B. CORRENS gezeigt hat, und er wurde in vielen Böden nachgewiesen. Erwähnt sei auch sein Vorkommen in Klüften und Hohlräumen des Basalts, z.B. im westlichen Vogelsberg oder das bekannte Vorkommen von Unterrupsroth in der Rhön, wo er offenbar hydrothermaler Entstehung ist. Auch andere Vorkommen hydrothermaler Entstehung sind bekannt, z.B. durch die Untersuchungen von SCHÜLLER in einer Tonscholle des Keuper am Großen Dolmar in der Rhön, deren ursprünglicher Mineralbestand durch den umgebenden Basalt verändert wurde, wobei am Ende der Metamorphose sich Montmorillonit gebildet haben soll.

Je nach Art seines Vorkommens bildet der Montmorillonit kompakte Gesteine mit muscheligem Bruch oder lockere Massen. Die Farbe ist im allgemeinen blaßgelb, grünlichgrau, grünlichgelb, mattblau oder rosa, selten weiß.

Im Dünnschliff sind einheitlich auslöschende Säulchen zu erkennen oder Aggregate mit gleicher Polarisationsfarbe. Nach einer Aufbereitung des Tones und Klassieren in verschiedene Korngrößen werden im allgemeinen nur aggregatartige unregelmäßige Teilchen beobachtet, seltener einzelne dünne Plättchen mit grauer Oberfläche. Die Dicke dieser Plättchen und Aggregate ist sehr gering und liegt in der Größenordnung von 1 μm oder darunter. Auch im elektronenmikroskopischen Bild sind diskrete gut umrandete Kristalle nicht zu erkennen, meist zeigen sich unregelmäßig begrenzte Aggregate, an denen nur stellenweise blättchenartige Begrenzungen auftreten (vgl. Abb. 36).

Im Lichtmikroskop zeigen die Montmorillonitfasern stets eine positive Längsrichtung, der Montmorillonit ist optisch negativ und hat eine Doppelbrechung von 0,03. Er ist durch seine relativ hohen Interferenzfarben, die die feinkörnigen Aggregate zeigen, gut von den anderen Tonmineralen zu unterscheiden. Die Messung der Lichtbrechung ist recht schwierig, da der Brechungsindex stark von der Vorbehandlung der Probe und von der Einbettungsflüssigkeit abhängt. Wegen der Fähigkeit der innerkristallinen Quellung wird das Einbettungsmittel teilweise zwischen den Schichtpaketen eingelagert, es verdrängt die Wasserschichten, und es zeigt sich oft ein etwas höherer Brechungsindex als der des Einbettungsmittels. Mit diesen Untersuchungen haben sich u. a. CORRENS und MEHMEL eingehend beschäftigt und gefunden, daß bei einigen Einbettungsflüssigkeiten, z. B. in einem Gemisch von Oliven- und Zimtöl, keine Änderungen des Brechungsindexes eintreten. Die gemessenen Werte für die Lichtbrechung von Montmorilloniten sind in Tab. 16 zusammengestellt, die Gitterkonstanten in Tab. 17.

Die Struktur des Montmorillonits. HOFMANN, ENDELL und WILM gaben zuerst einen Vorschlag für die Struktur des Montmorillonits, der sich eng an die von PAULING angegebene Pyrophyllitstruktur anschließt. Die che-

Tabelle 16. *Tonminerale der Montmoringruppe – Optische Daten*
(nach CORRENS, GRIM, JASMUND)

Mineral	n_α	$n_{\gamma'}$	$n_\gamma - n_\alpha$	Opt. Char.	2 V
Montmorillonit	1,480–1,590 $\sim$1,49	1,515–1,630 1,50–1,56	0,025–0,040	(—) (—)	0–30° 7–27°
		abhängig vom Einbettungsmittel			
Beidellit	$\sim$1,49	1,52–1,56		(—)	klein bis 16°
		abhängig vom Einbettungsmittel			
Volkonskoit	1,551	1,585	0,034	(—)	klein
		abhängig vom Einbettungsmittel			
Nontronit	1,565–1,60 1,56–1,62	1,600–1,640 1,58–1,66	0,035–0,040	(—) (—)	mittel $\sim$20–66°
		abhängig vom Einbettungsmittel			
Saponit	1,480–1,490 1,490	1,510–1,525 $n_\beta \sim$1,52 1,527	0,030–0,035 0,037	(—) (—)	mittel
		abhängig vom Einbettungsmittel			
Hectorit	1,485 1,500	1,516 1,520	0,031 0,020	(—)	klein
		abhängig vom Einbettungsmittel			
Saukonit	1,550–1,575	1,592–1,615	0,035–0,042	(—)	klein
		abhängig vom Einbettungsmittel			

mische Zusammensetzung beider Minerale ist ja, oxydisch geschrieben und ohne Substitution $Al_2O_3 \cdot 4\,SiO_2 \cdot H_2O$. Ein Unterschied zwischen dem Pyrophyllit und den Montmorinmineralen ist aber dadurch gegeben, daß in letzteren sowohl in der Oktaederschicht als auch in der Tetraederschicht im allgemeinen eine unregelmäßige Substitution eintritt, in der Weise, daß das Al^{3+} der Oktaederschicht durch Mg^{2+}, Fe^{2+}, Fe^{3+}, Mn oder Cr und das Si^{4+} der Tetraederschicht durch Al^{3+} ersetzt wird. Ferner finden sich zwischen den Schichtpaketen keine gebundenen Zwischenschichtionen, welche die durch die Substitution entstandenen freien Valenzen der Schichtpakete absättigen und gleichzeitig zwei über-

Tabelle 17. *Tonminerale der Montmoringruppe – Gitterkonstanten*
(nach CORRENS, STRUNZ)

Mineral	Kristallkl. Raumgruppe	a_0	b_0	c_0	β
Montmorillonit	monoklin	5,17	8,94	15,2–9,6 je nach Wassergehalt	~90° 100°
Beidellit	monoklin	~5,23	~9,06	15,8–9,2 je nach Wassergehalt	
Volkonskoit	monoklin	5,16 5,17	8,94 9,00	14,40 12,91	
Nontronit	monoklin	5,24 ~5,23	9,08 ~9,6	15,8 15,8–9,2 je nach Wassergehalt	~90°
Saponit	monoklin C_s^4–Cc			$d_{(001)} = 14,8$	
Hectorit	monoklin C_s^4–Cc	5,25	9,1	?	

einanderliegende Schichtpakete elektrostatisch fest miteinander verbinden, wie es das K^+ in den Glimmern tut. Weiter finden sich im Montmorillonit zwischen den einzelnen Schichtpaketen immer Wassermoleküle, die als eine einzelne Schicht oder als Doppelschicht gelagert sein können. Diese Wasserschicht kann je nach den äußeren Verhältnissen zwischen den Schichtpaketen eingelagert werden, wobei sich der Netzebenenabstand, d.h. die Entfernung der Schichtpakete in Richtung der c-Achse, ändert. Diese Erscheinung wird als innerkristalline Quellung bezeichnet. Die Netzebenenabstände und Intensitäten der Interferenzen des Montmorillonits sind in Tab. 18 zusammengestellt.

Im lufttrockenen Zustand beträgt der Netzebenenabstand etwa 14–15 Å, wenn alles Wasser zwischen den Schichtpaketen entfernt ist, kann er bis auf 9 Å zurückgehen. In diesen Wasserschichten finden sich Alkali- oder Erdalkaliionen, welche die freien Valenzen innerhalb der Schichtpakete absättigen, aber an keine feste Position gebunden sind. Sie können daher gegeneinander ausgetauscht werden und beeinflussen zwar die Eigenschaften der Minerale merklich, rufen aber keine feste Bindung der Schichtpakete gegeneinander hervor.

MARSHALL und HENDRICKS haben gezeigt, daß die Montmorinminerale in ihrer Zusammensetzung immer von der theoretischen Formel abweichen. Das hat seinen Grund in der Substitution sowohl in der Oktaeder- wie in der Tetraederschicht. In der Tetraederschicht wird das Si^{4+} ersetzt durch Al^{3+}. Dieser Ersatz kann bis zu 15% betragen.

In der Oktaederschicht kann das Al^{3+} in wechselndem Maße durch Mg^{2+}, Fe^{2+}, Fe^{3+} oder auch durch Zn, Ni, Li usw. ersetzt werden. Durch diesen Ersatz, der nicht immer vollständig erfolgt, werden Bindungskräfte frei, die nur zum Teil innerhalb des Schichtpaketes abgesättigt werden können, zum Teil aber ihre Absättigung erfahren durch Kationen, die zwischen den Schichtpaketen in der Wasserschicht vorhanden sind. Diese Ionen, Alkali- und Erdalkaliionen, werden nur schwach gebunden und sind daher relativ leicht gegeneinander austauschbar.

Tabelle 18. *Röntgenpulverdiagramme von Montmorillonit*

MAEGDEFRAU u. HOFMANN	WINKLER	
d	*I*	*d*
9,5 bis etwa 20	stst	9,5 bis etwa 20
5,90	s	6,4
	ss	5,05
4,45	st	4,42
2,97	m	3,18
	ss	2,83
2,56	st	2,55
	ms	2,47
2,235	s	2,25
	s	2,13
	ss	1,88
	ss	1,82
1,69	m	1,69
	m	1,655
1,495	st	1,49
	s	1,38
1,29	m	1,285
1,245	ms	1,24
1,13	ss	1,12
1,04	ss	1,035
0,98	s	0,975
0,86	s	0,866

Bei der Substitution in der Oktaederschicht kann ein dreiwertiges Al^{3+} durch ein zweiwertiges Mg^{2+} ersetzt werden, im Grenzfall können an die Stelle von $2\,Al^{3+}$ $3\,Mg^{2+}$ treten, es sind dann alle Lücken in der Oktaederschicht besetzt. Die Besetzung der Lücken kann von einigen Stellen bis zu einer vollständigen Ausfüllung aller Lückenräume mit zweiwertigen Ionen erfolgen. In letztem Fall wird dann ein trioktaedrisches Mineral gebildet, in dem die drei oktaedrischen Lücken je Formeleinheit durch *drei zwei*wertige Ionen besetzt sind.

Bei einem vollständigen Ersatz des Al^{3+} durch Mg^{2+} entsteht das Mineral Saponit, wird das Al^{3+} durch Fe^{3+} ersetzt, erhalten wir den Nontronit, bei Eintritt des Cr^{3+} den Volkonskoit und bei Eintritt von Zink den Saukonit.

Die Besonderheiten der Substitution in der Tetraederschicht und der Oktaederschicht des Schichtpaketes sind ausführlicher in der Monographie von JASMUND über die silikatischen Tonminerale und in dem

Buch von GRIM, Clay Mineralogy, behandelt worden. Näher darauf einzugehen, würde in diesem Zusammenhang zu weit führen.

Zusammenfassend soll noch einmal festgestellt werden, daß durch die Substitution zusätzliche Bindungskräfte frei werden, daß aber auch in der Oktaederschicht mehr Lücken von Al ausgefüllt sein können, als es dem Idealfall der dioktaedrischen Minerale entspricht, in dem nur zwei Drittel der ausfüllbaren Oktaederzentren besetzt sind. Es scheint aber ein Gleichgewichtszustand zu bestehen, indem nämlich ein Teil der in der einen Schicht überschüssigen Valenzen durch entsprechende Substitution in der anderen Schicht abgesättigt wird, wobei im Mittel jedoch etwa 0,33 Valenzanteile ungesättigt bleiben.

Die Formeln der Montmorinminerale können daher nach einem Vorschlag von STRUNZ in folgender Weise geschrieben werden:

Dioktaedrische Montmorinminerale:

Montmorillonit

$$\left\{ \begin{array}{c} (Al_{1,67}Mg_{0,33})[(OH)_2 \mid Si_4O_{10}]^{0,33-} \\ Na_{0,33}(H_2O)_4 \end{array} \right\}$$

Beidellit

$$\left\{ \begin{array}{c} Al_{2,17}[(OH)_2 \mid Al_{0,83}Si_{3,17}O_{10}]^{0,32-} \\ Na_{0,32}(H_2O)_4 \end{array} \right\}$$

Nontronit

$$\left\{ \begin{array}{c} Fe_2^{3+}[(OH)_2 \mid Al_{0,33}Si_{3,67}O_{10}]^{0,33-} \\ Na_{0,33}(H_2O)_4 \end{array} \right\}$$

Trioktaedrische Montmorinminerale:

Hectorit

$$\left\{ \begin{array}{c} (Mg_{2,67}Li_{0,33})[(OH)_2 \mid Si_4O_{10}]^{0,33-} \\ Na_{0,33}(H_2O)_4 \end{array} \right\}$$

Saponit

$$\left\{ \begin{array}{c} Mg_3[(OH)_2 \mid Al_{0,33}Si_{3,67}O_{10}]^{0,33-} \\ Na_{0,33}(H_2O)_4 \end{array} \right\}$$

Unter der Strukturformel des Dreischichtpaketes stehen die vier Moleküle Wasser, die im lufttrockenen Zustand zwischen den Schichtpaketen je Elementarzelle eingelagert sind, zusammen mit den adsorbierten Ionen, in diesem Falle Na^+. Die Zusammengehörigkeit des Dreischichtpakets mit dem Quellungswasser und den adsorbierten Ionen deuten die geschweiften Klammern an.

Ein modifizierter Strukturvorschlag für Montmorillonit sei an dieser Stelle noch erwähnt, der von FRANZEN, MÜLLER-HESSE und SCHWIETE vor einigen Jahren gemacht wurde: u. a. aus der Tatsache, daß sich beim Erhitzen von Montmorillonit Quarz in der Hochtemperaturform bildet, schließen sie, daß die Schichten des Schichtpaketes nicht symmetrisch übereinandergepackt sind (Tetraederschicht – Oktaederschicht – Tetraederschicht), sondern daß zwei Tetraederschichten in der Anordnung des α-Quarz verknüpft sind und darüber die Oktaederschicht liegt. Die Wassermolekeln treten bei der Quellung in dieses Gitter zwischen die Al(OH)-Schicht des einen und die SiO-Schicht des nächsten Schichtpaketes ein. Die Strukturformel dieser Anordnung würde lauten

$$Al_2Si_4O_9(OH)_4.$$

c) Die glimmerartigen Tonminerale oder Illite

Eine Zwischenstellung zwischen den Glimmern und den Montmorilloniten nehmen die glimmerartigen Tonminerale oder Illite ein. Es sind unvollständige Glimmer, die meist durch nichtvollständigen Abbau bei der Verwitterung oder im Sediment entstanden sind. Sie haben eine weite Verbreitung in Tonen und Böden. Von den Glimmern unterscheiden sie sich durch einen geringeren Alkaligehalt und einen größeren Einbau von Wasser, in ihrer speziellen Zusammensetzung sind sie ebenso unterschiedlich wie die Glimmer, von denen sie sich ableiten.

Schon früh wurde ihre Anwesenheit in Tonen von CORRENS und Mitarbeitern und von GRIM nachgewiesen. Der Name Illit wurde im Jahre 1937 von GRIM, BRAY und BRADLEY vorgeschlagen und ist eine Abkürzung von Illinois, weil sie Minerale dieser Gruppe in tonigen Sedimenten des Staates Illinois weit verbreitet fanden. Da es sich bei diesen Umwandlungsprodukten um wasserhaltige Formen der Glimmer handelt, werden sie auch als Hydroglimmer bezeichnet. Nach dem Vorschlag von CORRENS sollte man diese Bezeichnung aber für die gröberen Formen der teilweise abgebauten Glimmer reservieren, die noch lichtmikroskopisch untersucht und bestimmt werden können, während mit Illit die feinen submikroskopischen Formen zu bezeichnen sind, die in erster Linie röntgenographisch und elektronenoptisch bestimmt werden können.

Der Name Illit bezeichnet daher ebensowenig wie der Ausdruck Glimmer ein bestimmtes Mineral mit definierter Zusammensetzung, sondern umfaßt die große Gruppe aller derjenigen Dreischichtminerale, die aus echten Glimmern durch teilweisen Abbau entstanden sind. Kristallchemisch nehmen sie eine Mittelstellung ein zwischen den Glimmern und den Montmorinmineralen, die wir als Endprodukte der Glimmerverwitterung auffassen können nach vollständigem Herauslösen des K^+.

Infolge der Substitution in der Oktaeder- und in der Tetraederschicht sind alle Zwischenstadien und die verschiedensten Übergänge zwischen den Endgliedern möglich.

Unter den Illiten finden sich dioktaedrische und trioktaedrische Typen, eisenfreie und eisenhaltige Varietäten, sie sind im allgemeinen nicht quellbar.

Die Röntgeninterferenzen einiger Illite und ihre Intensitäten sind in Tab. 19 zusammengestellt.

Vom Montmorillonit unterscheiden sie sich durch den Basisabstand der Schichtpakete, der im Gegensatz zu Montmorillonit ($d = 9$–20 Å) einen festen Wert hat und wie bei den Glimmern bei etwa 10 Å liegt, und durch das Fehlen der Quellbarkeit. Es kommen bei den glimmerartigen Tonmineralen auch Übergänge zu den Tonmineralen mit Wechsellagerungsstruktur (mixed-layer Mineralen) vor, die aus einer unregelmäßigen Wechsellagerung verschiedener Schichtpakete aufgebaut sind. Sie zeigen dann ein unvollständiges Quellvermögen und verwaschene nichtreelle Röntgeninterferenzen. Einen solchen Aufbau aus quellbaren und nichtquellbaren Schichtpaketen in unregelmäßiger Anordnung im

Tabelle 19. *Röntgenpulverdiagramme von Illiten*

	dioktaedrisch								trioktaedrisch	
	Denholm Hill		Fithian Illinois				Ballater		Carden Wood	
Nr.	MACKENZIE		MACKENZIE		A. 868		MACKENZIE		WALKER	
	d (Å)	I	d (Å)	I	d (Å)	I	d (Å)	I	d (Å)	I
1	10,14	stst	10,2	stst	10,3	m br	9,9	st	10,0	10
2	4,98	s	4,98	m	4,97	sss	4,9	m	4,94	2
3	4,50	stst	4,49	st	4,48	stst	4,45	stst	4,47	9
4							4,28	s		
5	4,12	sss					4,10	s		
6			3,90	sss			3,87	m		
7	3,72	sss	3,73	sss	3,74	sss	3,64	m–	3,68	2 br
8	3,53	sss	3,52	ss						
9	3,33	stst	3,34	m+	3,35	m	3,35	stst	3,32	9
10	2,99	sss	3,01	s			3,09	m– d	3,16	0,5
11			2,87	sss			2,85	m d	2,86	1
12	2,81	ss	2,80	sss						
13	2,58	stst	2,58	st	2,59	stst	2,56	stst	2,60	6
14	2,44	sss	2,46	s	2,455	ss	2,45	m–	2,50	1
15	2,40	ss	2,395	m–	2,39	ss	2,39	m	2,41	4
16	2,255	sss	2,253	ss	2,26	ss br	2,235	m–		
17	2,136	sss	2,145	m	2,149	ss br	2,14	m	2,158	2
18	1,992	m	1,995	s	2,013	ss br	1,988	m	1,982	1
19	1,891	sss					1,940	s		
20	1,702	sss	1,703	s	1,708	ss br				
21	1,647	sss			1,646	s br	1,647	m d	1,689 ⎫	
22									1,639 ⎭	3
23	1,504	m	1,505	m+	1,517	m	1,497	st	1,530	6
24	1,453	sss							1,446	0,5
25	1,344	sss			1,360	ss br	1,342	m– d	1,320	0,5
26	1,293	ss	1,295	m	1,307	s br	1,294	m		
27	1,250	ss					1,266	s		
28							1,243	m–		

br = breit, d = diffus

Verhältnis 1 : 2 hat z. B. der Illit aus der Schlettaer Erde, der praktisch eisenfrei und weißbrennend ist (vgl. Abb. 23 f.).

Die Illite sind in den tonigen Sedimenten weit verbreitet und finden sich z. T. auch in feuerfesten Tonen und in Kaolinen in merklichen Mengen. Eine weite Verbreitung haben sie in grobkeramischen Tonen, Ziegeltonen und -lehmen und in Böden. In letzteren finden sich meist die eisenreicheren Formen, die eine dunklere Brennfarbe bedingen.

Auch in der chemischen Zusammensetzung schwanken sie in weiten Grenzen. HENDRICKS und ROSS haben aus einer Reihe von Analysen folgende mittlere Strukturformel berechnet:

$$K_{0,58}(Al_{1,38}Fe^{3+}_{0,37}Fe^{2+}_{0,04}Mg_{0,34})(Si_{3,41}Al_{0,59})O_{10}(OH)_2$$

Morphologisch sind die Illite fast immer als unregelmäßige Blättchen ausgebildet, die nur selten idiomorphe Umrandung zeigen (Abb. 18, 19, 20, 21). Neben den tafligen Formen findet sich auch leistenförmige Ausbildung (Abb. 22, 23), und in einzelnen Fällen, wie z. B. in der Schlettaer

Erde, sind Übergänge von Tafeln zu Leisten zu beobachten, welche durch eine Teilbarkeit nach (010) bedingt sind (Abb. 24).

Die optischen Daten und die Gitterkonstanten der glimmerähnlichen Tonminerale sind in Tab. 20 u. 21 zusammengestellt.

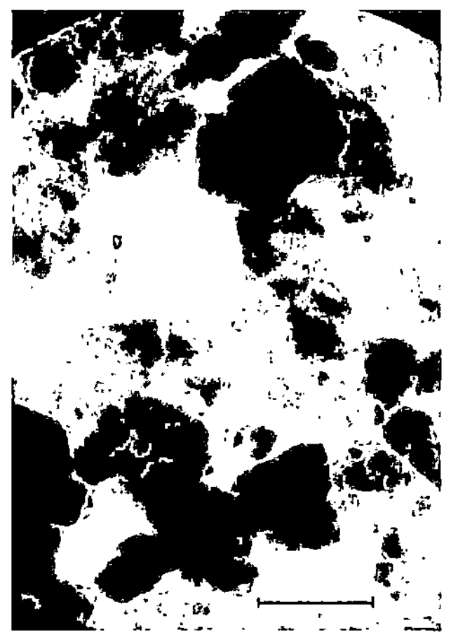

Abb. 18. (959) Ton von Heisterholz. Illittafel (Hydroglimmer) mit Beugungsstreifen gleicher Neigung. Vergr. el.-opt. 15000 : 1

Abb. 19. (863) Pfälzer Glashafenton <2 μm. Illit, vereinzelt Kaolinit. Vergr. el.-opt. 15000 : 1

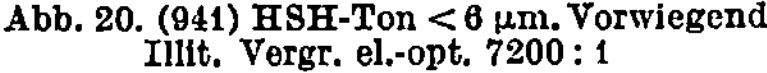

Abb. 20. (941) HSH-Ton < 6 μm. Vorwiegend Illit. Vergr. el.-opt. 7200 : 1

Abb. 21. (1059) Glaukonit von Rosenthal. Vergr. el.-opt. 15000 : 1

Ähnlich wie beim Kaolinit ergeben die Elektronenbeugungsdiagramme einzelner Illitplättchen Interferenzbilder hoher Auflösung, aus denen die Gitterabstände der Netzebenen mit großer Genauigkeit und in guter Übereinstimmung mit den theoretischen Werten bestimmt werden können, wie Tab. 22 zeigt. Über die Unterscheidung von Kaolinit und Illit durch Beugungsdiagramme s. S. 66.

Abb. 22. (1489) Schlettaer Erde < 2 μm. Leistenförmiger Illit, Kaolinit. Vergr. el.-opt. 7200 : 1

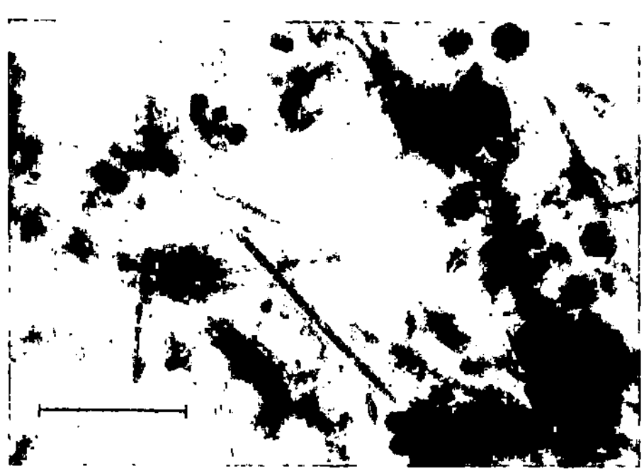

Abb. 23. (1412) Schlettaer Erde < 6 μm. Kaolinit, tafliger und leistenförmiger Illit. Vergr. el.-opt. 15000 : 1

Abb. 24. (1137) Schlettaer Erde, Illittafeln in Leisten aufspaltend. Vergr. el.-opt. 15000 : 1

Tabelle 20
Glimmerähnliche Tonminerale – Optische Daten (nach JASMUND, GRIM, CORRENS)

Mineral	n_α	n_γ	n_γ-n_α	Opt. Char.	2 V	Dispers.
Hydromuskovit	1,575	1,580	niedrig		5–10°	
Hydrobiotit	1,59–1,62	1,64–1,67	0,045 bis 0,055	(−)	klein	
Illit	1,561 bis 1,580	1,579 bis 1,610	0,018 bis 0,035	(−)	klein	
Seladonit	1,606 bis 1,610	1,634 bis 1,641	0,028 bis 0,031	(−)		
Glaukonit	1,545 bis 1,63	1,57–1,66	0,022 bis 0,030	(−)	0–20°	$r > v$
	1,590 bis 1,615	1,610 bis 1,645		(−)	0–40°	
Chlorit	1,57–1,64	1,575 bis 1,645	0,003 bis 0,007	(+) (−)	klein	
	1,56–1,61	1,57–1,65		(+)	0–90°	$r < v$
Vermiculit	1,525 bis 1,56	1,545 bis 1,585	0,020 bis 0,030	(−)	klein	
	1,525 bis 1,542	1,545 bis 1,573	0,018 bis 0,031	(−)	0– 8°	$r \leqq v$

Tabelle 21. *Glimmerähnliche Tonminerale – Gitterkonstanten* (nach STRUNZ)

Mineral	Kristallkl. Raumgruppe	a_0	b_0	c_0	β
Hydromuskovit	monokl. (1–2schichtig), hexag. (3-schichtig)	~5,2	~9,0	~2 · 10,0	~96°
Hydrobiotit		~5,21	~9,02	2 · 10,06	96°
Ca-Illit		~5,2	~9,0	2 · 12–13	?
Glaukonit	monokl.	5,25	9,09	20,07	95°
Pennin		5,2–5,3	9,2–9,3	28,6	96,8°
Chlorite	monokl.	5,3–5,4	9,19–9,35	14,06–14,25	97,15–97,4°
Vermiculit	monokl.	5,33	9,18	28,9	97°

4*

Tabelle 22. *Elektronenbeugungsinterferenzen von Illit*

hkl	A. 1105 d (Å)	GRIM u. Mitarb.[1] d_{ber} (Å)	MAEGDEFRAU u. HOFMANN[2] d_{ber} (Å)
020	4,53	4,51	4,49
110	4,48	4,48	
130	2,60		2,59
200	2,58	2,580	
040	2,26	2,255	2,24$_5$
220	2,25	2,238	
150	1,696		
240	1,694		1,69$_5$
310	1,684		
060	1,503	1,503	1,49$_5$
330	1,498		
260	1,293	1,30	1,29$_5$
400	1,298	1,290	
170	1,257		
350	1,249		1,24$_5$
420	1,249		

[1] GRIM, R. E., R. H. BRAY u. W. F. BRADLEY: The mica in argillaceous sediments. Amer. Miner. 22 (1937) 813–829.

[2] MAEGDEFRAU, E., u. U. HOFMANN: Glimmerartiger Mineralien als Tonsubstanzen. Z. Krist. 98 (1938) 31–59.

C. Die Feldspäte

Kristallchemisch gehören die Feldspäte in die Gruppe der Gerüstsilikate, die aus einem dreidimensional unendlichen Gerüst von SiO_4-Tetraedern aufgebaut sind. Sie können formal in ihrer Struktur aus der Struktur des Quarzes abgeleitet werden, in der ein Teil der Si^{4+} durch Al^{3+} ersetzt ist. Dieser Ersatz kann bis 50% betragen.

Die dabei freiwerdende negative Valenz wird durch Alkali- oder Erdalkaliionen abgesättigt, die an bestimmten Stellen in den Hohlräumen des Gerüstes eingebaut sind. So ergibt sich die Zusammensetzung der drei Hauptarten von Feldspäten:

Kalifeldspat oder Orthoklas $KAlSi_3O_8$ (Or),
Natronfeldspat oder Albit $NaAlSi_3O_8$ (Ab) und
Kalkfeldspat oder Anorthit $CaAl_2Si_2O_8$ (An).

Diese Typen kommen aber in der Natur nicht rein vor, sondern sie bilden in Abhängigkeit von den physikalisch-chemischen Bedingungen bei ihrer Entstehung Mischkristalle, die meist auch mehr oder weniger starke Verwachsungen mit Quarz, Muskovit oder Serizit zeigen. Abb. 25 zeigt das Konzentrationsdreieck Orthoklas–Albit–Anorthit mit den Bereichen der Mischkristallbildung bei gewöhnlicher Temperatur. Zwischen Orthoklas und Anorthit ist eine große Mischungslücke vorhanden, dagegen bilden Albit und Anorthit auch bei normaler Temperatur eine lückenlose Mischkristallreihe, die Kalknatronfeldspäte oder Plagioklase. Da sie in den Gesteinen sehr häufig vorkommen, hat man die verschiedenen Glieder dieser Mischkristallreihe mit selbständigen Namen versehen:

Albit	0– 10 Mol.-% An
Oligoklas	10– 30 Mol.-% An
Andesin	30– 50 Mol.-% An
Labradorit	50– 70 Mol.-% An
Bytownit	70– 90 Mol.-% An
Anorthit	90–100 Mol.-% An

Die Alkalifeldspäte sind nur bei hoher Temperatur mischbar, beim Abkühlen entmischen sie meistens in feine Lamellen. Liegen nach der Abkühlung Lamellen von Natronfeldspat in Kalifeldspat vor, so werden sie Perthite genannt, wenn umgekehrt wenig Kalifeldspat in Natronfeldspat eingelagert ist, Antiperthite.

Auf die kristallographischen und strukturellen Verhältnisse der Feldspäte sei hier nicht näher eingegangen, sondern auf die entsprechende

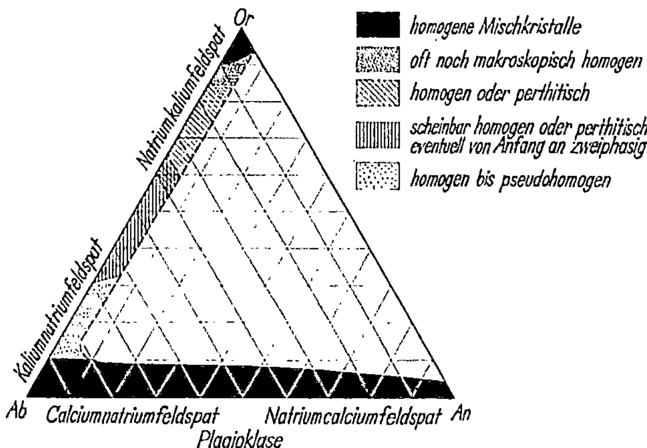

Abb. 25. Konzentrationsdreieck Orthoklas–Albit–Anorthit.
Mischkristalle bei gewöhnlicher Temperatur

Spezialliteratur verwiesen. Eine kurze Übersicht über Struktur und physikalisch-chemische Eigenschaften der Feldspäte nach neuesten Forschungsergebnissen gab SCHÄDEL 1961.

Die Schwankungen in der chemischen Zusammensetzung der natürlichen Feldspäte zeigt Abb. 26. Es sind die darstellenden Punkte der chemischen Feldspatanalysen im Konzentrationsdreieck Orthoklas–Albit–Anorthit eingezeichnet, und aus der Häufung der Punkte ist ersichtlich, daß die Alkalifeldspäte eine weite Verbreitung in den natürlichen Gesteinen haben. Es ist aber auch daraus zu erkennen, daß anorthitfreie Feldspäte kaum vorhanden sind, es muß auch bei den Natronfeldspäten immer mit einem Gehalt an Kalkfeldspat bis zu 10 % gerechnet werden.

Für die Keramik sind die Feldspäte mit einem An-Gehalt bis maximal 20 % wichtig. Sie kommen vorwiegend in sauren magmatischen Gesteinen, in granitischen Pegmatiten und in daraus entstandenen Sandsteinen (Arkosen) oder Sanden vor.

Tab. 23 gibt eine Zusammenstellung der optischen Daten der verschiedenen Feldspäte, Tab. 24 gibt die wichtigsten Röntgeninterferenzen der Kalifeldspäte, Tab. 25 die der Plagioklase an. Wie hieraus zu ersehen ist,

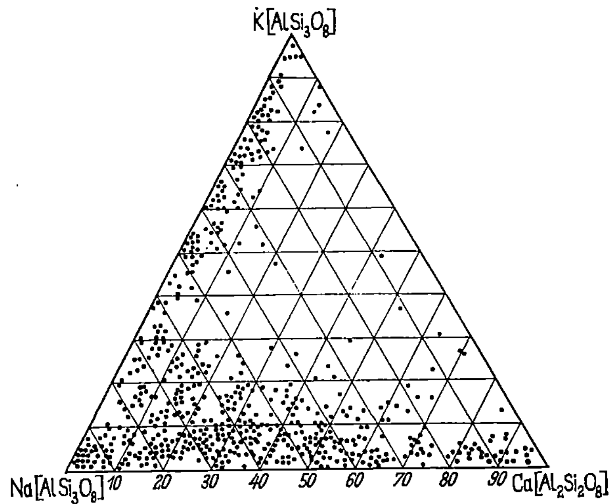

Abb. 26. Konzentrationsdreieck Orthoklas–Albit–Anorthit.
Schwankungen in der chemischen Zusammensetzung natürlicher Feldspäte (nach BETECHTIN)

Tabelle 23. *Die optischen Daten von Feldspäten* (nach CORRENS)

		n_α	n_γ	$n_\gamma - n_\alpha$	Opt. Char.	2V	Disp.
Orthoklas							
KAlSi$_3$O$_8$	mon.	1,519	1,526	0,007	(−)	110°17′	$r > v$
Mikroklin							
KAlSi$_3$O$_8$	trikl.	1,519	1,525	0,006	(−)	100°	$r > v$
Plagioklase							
Albit							
NaAlSi$_3$O$_8$							
An$_{0,5}$	trikl.	1,528	1,538	0,010	(+)	77°	$r < v$
Oligoklas							
An$_{13}$	trikl.	1,534	1,543	0,009	(+)	85°	$r < v$
An$_{20}$	trikl.	1,539	1,546	0,008	(−)	94°	$r > v$
Andesin							
An$_{37}$	trikl.	1,545	1,553	0,008	(∓)	90°	$r \gtrless v$
Labadorit							
An$_{56}$	trikl.	1,556	1,564	0,008	(+)	75°	$r < v$
Bytownit							
An$_{75}$	trikl.	1,564	1,573	0,009	(−)	94°	$r > v$
Anorthit							
CaAl$_2$Si$_2$O$_8$							
An$_{100}$	trikl.	1,576	1,588	0,012	(−)	103°	$r > v$

ist eine exakte quantitative Unterscheidung der Feldspäte röntgenographisch nicht oder nur sehr schwer möglich. Dagegen lassen sie sich mikroskopisch durch ihre Lichtbrechung und durch ihr optisches Verhalten recht gut unterscheiden, wozu auch schon die einfache Methode der Bestimmung der Lichtbrechung ausreichend ist.

Tabelle 24. *Röntgeninterferenzen von Kalifeldspat* (nach PARASKEVOPOULOS)

Mikroklinperthit				Orthoklasperthit	
d	I	d	I	d	I
4,22	m−	4,22	m	4,24	m
4,11	ss	4,05	ss	4,03	s
3,98	ss	−		−	
3,82	s	3,85	s	3,79	s
3,69	s	3,71	s	−	
3,48	s	3,46	s	3,46	s
3,35	s	3,35	s	−	
−		−		3,30 (1)	stst
3,24 (1)	stst	3,24 (1)	stst	3,23 (2)	stst
3,03	s	3,02	s	−	
2,95	} a s	2,95	} a s	2,99	} a ss
2,89	s	2,82	s	2,89	ss
2,75	ss br	2,75	ss	2,75	ss
−		2,69	ss	−	
2,62	s	2,62	s	−	
2,57	} b s	2,57	} b s	2,58	} b s
2,52	s	2,52	s	2,55	s
2,42	s	2,42	s	2,42	s
2,38	} c s	2,38	} c s	2,37	} c s
2,33	s	2,33	s	2,33	s
2,29	ss	−		−	
2,24	ss	−		−	
2,16	m−	2,15	m−	2,15	m−
2,12	ss	2,11	ss	2,12	m−
2,10	ss	2,08	ss	2,075	ss
2,047	ss	2,047	ss	2,050	ss
1,963	ss	1,963	ss	−	
1,956	ss	−		−	
1,917	s	1,920	ss	1,926	s
−		1,894	ss	1,887	ss
1,857	s	1,855	ss	1,854	s
1,823	ss	1,813	ss	−	
1,798	m	1,791	m	1,796	m
1,768	ss	1,765	ss	1,763	ss
1,735	ss	1,737	ss	1,749	ss
−		−		1,722	ss
1,670	ss	1,668	ss	1,666	ss
−		1,651	ss	1,645	ss
1,604	ss	1,604	ss	−	
1,576	ss	−		1,572	s
1,533	ss	−		1,530	s
1,510	s	1,510	m−	−	
1,470	s	1,470	s	1,476	ss
1,451	s	1,443	s	1,453	ss br
1,423	ss	1,423	s	1,426	ss br
1,374	ss	1,374	ss	−	
−		1,361	ss	1,351	ss

Tabelle 25. *Röntgeninterferenzen von Plagioklasen* (nach GOODYEAR u. DUFFIN)

hkl	d (Albit An 0% ber.)	Albit An$_{0,4}$ d	I	Oligoklas An$_{16,5}$ d	I	Andesin An$_{31,1}$ d	I	Labradorit An$_{51,6}$ d	I	Bytownit An$_{71,3}$ d	I	Anorthit An$_{93,0}$ d	I
001	6,38	6,38	m	6,37	m	6,40	m–	6,43	s	6,50	s	6,55	s
$11\bar{1}$	5,89	5,93	s	5,92	sss	5,86	sss						
$\bar{1}11$	5,57	5,60	s	5,61	sss	5,63	sss						
$0\bar{2}1$	4,65					4,68	sss	4,67	sss	4,69	m–	4,69	m
$20\bar{1}$	4,018	4,016	st	4,018	st	4,024	st	4,026	st	4,025	st	4,033	m+
$1\bar{1}1$	3,847	3,843	m–	3,851	m–	3,863	m–	3,878	m–	3,887	m–	3,911	m–
$(1\bar{3}0)$												3,770	m+
111	3,771	3,767	m+	3,754	m+	3,745	m+	3,749	m+	3,745	st	3,740	m–
$1\bar{3}0$				3,678	m	3,708	m+	3,723	m+				
131	3,658	3,660	st br	3,651	m	3,634	m+	3,633	m+	3,615	m+	3,611	m+
$11\bar{2}$	3,496	3,495	m	3,481	m–	3,469	m–	3,464	m–	3,454	m–	3,452	m–
$22\bar{1}$	3,473					3,421	ss	3,424	ss	3,401	s	3,390	ss
$\bar{1}12$	3,371	3,364	m–	3,355	m–	3,356	m	3,352	m	3,346	m	3,354	m
										3,245	m–		
$2\bar{2}0$										3,222	m	3,249	st
$20\bar{2}$	3,206	3,206	st	3,198	st								
040	3,182	3,179	stst	3,176	stst	3,195	stst	3,197	stst	3,191	stst	3,197	stst
002						3,166	st	3,165	stst	3,161	st	3,164	st
220	3,165					3,132	m+	3,131	m+	3,117	m+	3,114	m+
$2\bar{2}0$	3,144	3,141	m–	3,142	m–								
$1\bar{3}1$	2,959	2,952	m+	2,975	m	2,993	m	3,003	m	3,015	m–	3,030	m
$0\bar{4}1$	2,921	2,919	m	2,927	m+	2,929	m+br	2,933	m+	2,937	m+ br	2,944	m+
$0\bar{2}2$								2,916	m–			2,927	m–
$22\bar{2}$												2,880	m–
131	2,858	2,856	m	2,837	m	2,829	m	2,834	m				
$\bar{1}32$	2,633	2,638	m–	2,642	m–	2,646	m–	2,648	m	2,642	m	2,649	m
$\bar{2}41$												2,519	m+
$24\bar{1}$	2,555	2,561	m	2,545	m	2,529	m	2,525	m+	2,506	st		
$1\bar{1}2$	2,508	2,509	ss	2,511	ss	2,515	ss						
$24\bar{1}$												2,497	m+
$\bar{2}41$	2,443	2,443	m–	2,465	m–	2,487	m–	2,494	m				

IV. Die Bestimmung der Minerale
in feinkörnigen Rohstoffen

Wegen der großen Feinheit der Minerale in den meisten keramischen Rohstoffen ist ihre lichtmikroskopische Bestimmung nur in den groben Anteilen möglich. Für die spezielle Untersuchung der Tonminerale ist hier besonders der Phasenkontrast und zur Bestimmung der Feldspäte das Grenzdunkelfeld zu nennen. Diese Verfahren sind von CORRENS und PILLER sowie von RADCZEWSKI ausführlich beschrieben worden.

Die eigentlichen Tonminerale konnten dagegen erst mit Hilfe der Röntgenuntersuchung genauer erforscht und in vielen Einzelheiten erkannt werden. Daher sind auch heute noch die Hauptverfahren zur Mineralbestimmung, z.B. in Tonen, die Röntgenverfahren, in erster Linie Pulveraufnahmen nach Debye-Scherrer und mit dem Zählrohrgoniometer. Auf diese Verfahren soll hier nicht eingegangen werden.

In neuerer Zeit ist aber das Elektronenmikroskop zu einem wichtigen und unentbehrlichen Hilfsmittel bei der Untersuchung keramischer Rohstoffe geworden. Da eine zusammenfassende Darstellung der hierbei gebräuchlichen Methoden fehlt, sollen die elektronenoptischen Verfahren im nächsten Abschnitt kurz geschildert werden.

Elektronenoptische Untersuchung[1]

Durch die Verwendung von Elektronenstrahlen zum Abbilden kleiner Objekte im Elektronenmikroskop sind Auflösungsvermögen und Vergrößerung in Bereiche vorgetrieben worden, die mit dem Lichtmikroskop und mit Lichtstrahlen nicht erreicht werden können. Während beim Lichtmikroskop die theoretische Auflösungsgrenze bei etwa 0,0002 mm = 2000 Å und die förderliche Vergrößerung bei 1500 liegt, geht sie beim Elektronenmikroskop wegen der um 5 Zehnerpotenzen kürzeren Wellenlänge der Elektronenstrahlen theoretisch noch weit unter 1 Å hinunter. Die praktisch erreichte maximale Auflösung liegt heute bei Werten unter 4 Å, nachdem es DOWELL gelungen ist, Netzebenenscharen anorganischer Kristalle mit einem Abstand zwischen 4 und 3,2 Å deutlich abzubilden.

1. Abbildung bei Durchstrahlung

Die Abbildung feinkörniger Objekte im Elektronenmikroskop beruht bekanntlich auf einer Absorption und Streuung der Elektronenstrahlen

Abb. 27. (957) Ton von Heisterholz. Kaolinitkristalle und Aggregate (oben), Illittafel (Hydroglimmer, unten), feine Koalinit- und Illitteilchen und -Aggregate. Vergr. el.-opt. 7200 : 1

Abb. 28. (581) Großalmeroder Hafenton < 1,5 µm. Vergr. el.-opt. 15000 : 1 Kaolinit, Illit

im Objekt, wobei die Schwärzung der photographischen Platte abhängig ist von der Dicke und der Massendichte der abgebildeten Teilchen. Auf

---

[1] Entnommen aus O. E. RADCZEWSKI: Elektronenoptische Untersuchung feinkörniger Minerale. Staub 22 (1962) 313–323.

der photographischen Platte entstehen hierbei Schattenbilder in Abhängigkeit von der Durchstrahlbarkeit der Objekte.

Abb. 27, 28, 29, 30 zeigen einige charakteristische Tonminerale verschiedener Größe und Dicke, wobei zu beachten ist, daß die gleiche pseudohexagonale Form z.B. bei den ganz verschiedenen Mineralen Diaspor, AlOOH, (Abb. 30) und Kaolinit, $Al_2(OH)_4Si_2O_5$, (Abb. 27. 28, vgl. auch Abb. 5, 6 S. 27) auftritt. Eine exakte Bestimmung und Unterscheidung ist hier in günstigen Fällen zwar auch kristallographisch möglich, z.B. durch Messen der Winkel zwischen charakteristischen Kristallkanten, wie das dem Verfasser zum Nachweis des Diaspor neben Dickit im Neuroder Schieferton gelungen ist; wenn aber solche charakteristischen Kanten und Flächen nicht auftreten, bleibt nur die Möglichkeit, an Beugungsbildern die Gitterabstände zu messen und dadurch die Minerale exakt zu bestimmen.

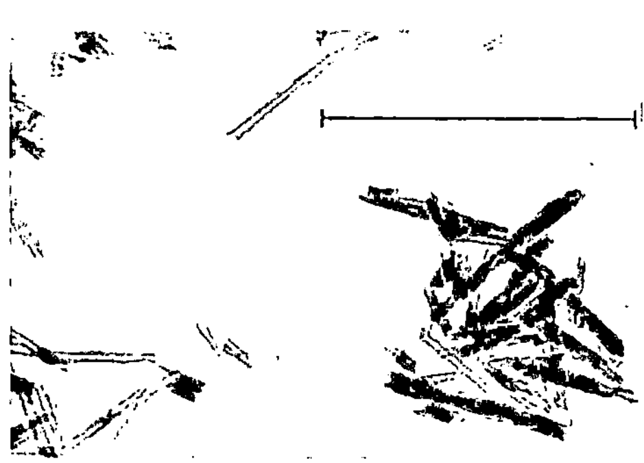

Abb. 29. (1697) Halloysit aus Serbien.
Vergr. el.-opt. 31 000 : 1

Abb. 30. Diasporlamellen aus dem Neuroder Schieferton.
Vergr. el.-opt. 11 500 : 1

a) Präparation

Die Herstellung der elektronenmikroskopischen Präparate erfolgt z. B. bei den Tonen in der Weise, daß ein Tropfen einer genügend dünnen Suspension in 0,01 n NH_4OH-Lösung mit einer Platinöse oder einem Glasstab auf die Objektträgerblende gebracht wird, die mit einer Kollodiumfolie befilmt ist. Nach dem Eintrocknen liegen dann die Teilchen mehr oder weniger dicht auf der Folie.

Häufig werden auch die Suspensionen zur besseren Dispergierung der Teilchen mit Ultraschall behandelt. Bei stärkeren Intensitäten und besonders bei stabförmigen Objekten ist aber Vorsicht geboten, weil die Minerale unter Umständen zerbrechen können. Abb. 31 zeigt die Fraktion < 2 μm eines Töpfertones, des Tons von Sief, mager, der zu etwa 55% aus Illit besteht. Es sind unregelmäßig umrandete Illitplättchen abgebildet, von denen eines der größten einen deutlichen Sprung zeigt, der offenbar durch ein Einreißen des großen biegsamen Plättchens während der Ultraschallbehandlung entstanden ist. Dies spricht dafür, daß durch zu starke und intensive Beschallung ein Zerbrechen und Zerkleinern von Teilchen erfolgen kann. Eine ähnliche zerkleinernde Wirkung der Ultraschallbehandlung zeigt auch Abb. 32, die den Anteil unter 2 µm des Pfälzer Glashafentons darstellt.

Im Ton von Langendernbach, dessen Fraktion < 0,6 µm in Abb. 33 dargestellt ist, sind neben 55% Kaolinit 20% Illit und 18% Quarz enthalten. In der abgebildeten feinen Fraktion treten die idiomorphen pseudohexagonalen Kaolinittafeln stark zurück. Die Hauptmenge besteht aus Illit, der durch seine unregelmäßige Umrandung gekennzeichnet ist. Einige Plättchen zeigen die bekannten „Streifen gleicher Neigung", die an nicht ganz ebenen, sondern schwach durchgebogenen Plättchen in den Bezirken als dunkle Streifen auftreten, welche die BRAGGsche Bedingung erfüllen (vgl. Abb. 18, S. 49).

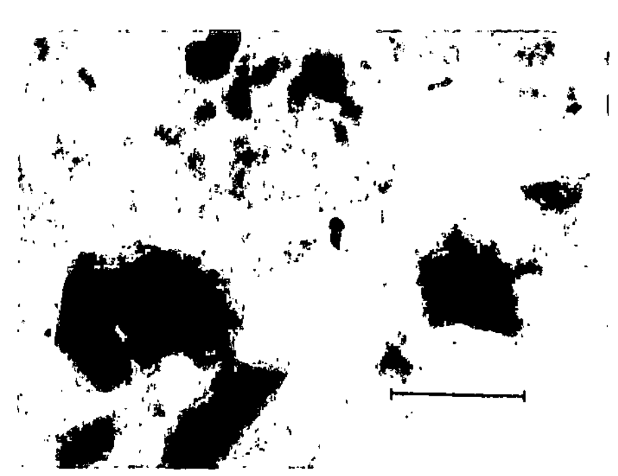

Abb. 31. (1267) Ton von Sief, mager. Zerstörende Wirkung von Ultraschall. Vergr. el.-opt. 15000 : 1

In der Mitte des Bildes liegt ein nadeliger, stark absorbierender Kristall von etwa 1,3 µm Länge und 0,3 µm Breite, der wegen seiner starken Absorption als Rutilnadel anzusprechen ist. Bei diesem kleinen, dünnen Kristall ist die Absorption der Elektronenstrahlen vergleichbar der Absorption durch die viel größeren und dickeren Kaolonitkristalle in Abb. 6, S, 27, sie ist hier so stark wegen der großen Massendichte des TiO_2 gegenüber dem aus leichten Elementen aufgebauten Aluminiumsilikat Kaolinit $Al_2(OH)_4 Si_2O_5$. Ähnliche Rutilnadeln sind auch in den Abb. 32 und 34 zu erkennen.

b) Kontrasterhöhung

α) durch Beschattung. Bei dickeren und bei stärker absorbierenden Kristallen kann das Bild so dunkel werden, daß Einzelheiten der Teilchen nur noch schwer zu erkennen sind. Eine Verdeutlichung der Dickenunterschiede und eine plastische Abbildung solcher Objekte kann durch Beschattung erfolgen, d.h. durch Schrägbedampfen des Objektes mit einem Metalloxyd oder Metall im Vakuum unter definierten Winkeln, wobei besonders plastisch in der Negativkopie Schlagschatten an den Rändern des Korns

Abb. 32. (606) Pfälzer Glashafenton < 2 µm. Vorwiegend Illit, ein großes Teilchen durch Ultraschall zerbrochen, darüber Rutilnadel Vergr. el.-opt. 15000 : 1

und entsprechende Helligkeitsunterschiede in den Bereichen verschiedener Dicke auftreten. Abb. 35 zeigt eine solche Negativkopie von beschatteten relativ groben Kaolinitkristallen.

Bei Kenntnis des Bedampfungswinkels kann aus der Länge des „Schattens" die Dicke des Teilchens berechnet werden.

Abb. 33. (1396) Ton von Langendernbach < 0,6 µm.
Vergr. el.-opt. 7200 : 1

β) durch „Anfärbung". Der Kontrast im elektronenmikroskopischen Bild kann bei ganz dünnen schwach absorbierenden Objekten auch durch Einbau von schweren Ionen in das Mineral erhöht werden. Hierfür sind besonders die Tonminerale der Montmoringruppe geeignet, die sich durch ein hohes innerkristallines Quellvermögen auszeichnen und die Fähigkeit besitzen, Kationen der Alkali- und Erdalkaligruppe zu adsorbieren und gegeneinander auszutauschen.

Abb. 36 stellt den Natriummontmorillonit aus dem Bentonit von Wyoming dar, a) normal in NH_4OH-Lösung suspendiert, wobei der Montmorillonit infolge seiner starken Dispersion bis zu einzelnen Schichtpaketen ein wolkenartiges verschwommenes Bild liefert, in dem einzelne Plättchen nur schwer zu unterscheiden sind, und b) in $BaCl_2$-Lösung suspendiert, in der die adsorbierten Na-Ionen gegen die schwereren Ba-Ionen ausgetauscht wurden. Die Aufteilung ist durch den Ersatz des einwertigen Na durch das zweiwertige Ba nicht mehr so vollständig, es kommt zur Ablagerung von dickeren Aggregaten der Schichtpakete, die wegen der eingelagerten schweren Metallionen eine stärkere Absorption zeigen und daher kontrastreicher erscheinen.

2. Elektronenbeugung

Abb. 34. (942) HSH-Ton < 6 µm.
Vorwiegend Illit, idiomorpher Kaolinit, vereinzelt Quarz, unten rechts Rutilnadel. Vergr. el.-opt. 7200 : 1

Wie oben erwähnt, ist es zur exakten Bestimmung von Objekten mit nichtcharakteristischer Form notwendig, die Netzebenenabstände im Kristallgitter des abgebildeten Minerals zu ermitteln. Dies kann mit Hilfe der Elektronenbeugung auch im Elektronenmikroskop geschehen, wie wir bereits im Jahre 1940 bei der Untersuchung von Tonmineralen gezeigt haben (vgl. O'DANIEL und RADCZEWSKI). Durch Ausschalten der Optik des Elektronenmikroskops hinter dem Objekt wird das Mikroskop in ein Beugungsgerät umgewandelt, so daß die Interferenzen des Objektes auf dem Leucht-schirm erscheinen. Wird die Gesamt-heit der auf der Objektträgermembran befin᷒ lichen Teilchen durchstrahlt, so ergibt sich ein den DEBYE-SCHERRER-Diagrammen der Röntgenuntersuchung analoges Beugungsbild mit konzentrischen Ringen um den Primärfleck, wird aber nur ein einzelner Kristall durch-strahlt, so erhalten wir ein Punktdia-gramm, in dem jeder Beugungsfleck einer Gitterebene entspricht (Abb. 37).

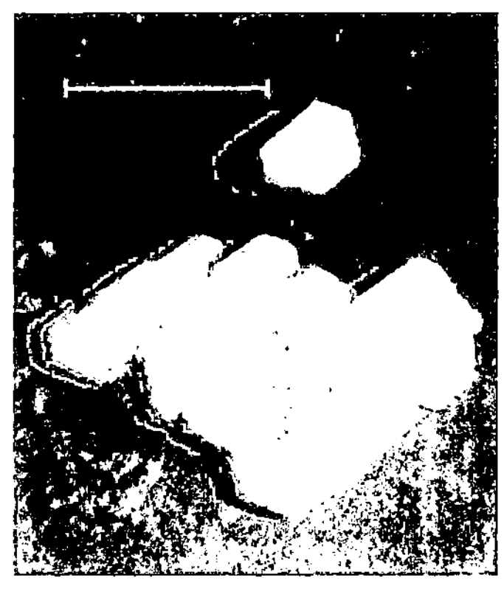

Abb. 35. (1071) Hirschauer Kaolin, mit SiO bedampft. Vergr. el.-opt. 15000 : 1

a) Auswertung

Die Auswertung solcher Beugungs-diagramme wird erschwert durch die Tatsache, daß die Wellenlänge der Elek-tronenstrahlen nicht konstant ist, son-dern von der Beschleunigungsspannung abhängt und sich schon von Aufnahme zu Aufnahme merkbar ändern kann. Weil das Messen der an die Glühkathode gelegten Spannung im Augenblick der Aufnahme

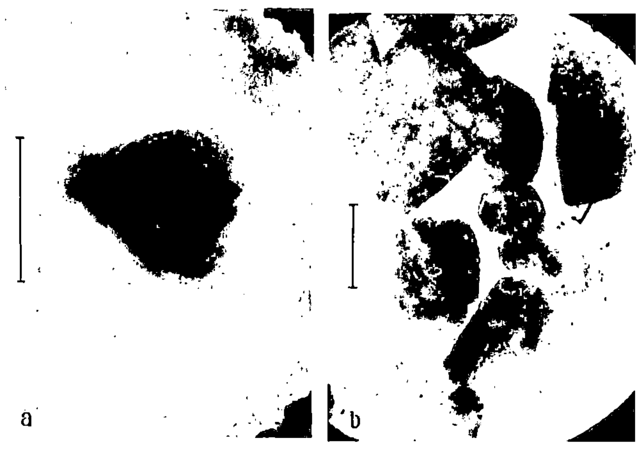

Abb. 36 a u. b. Na-Bentonit von Wyoming

schwierig ist, müssen für jede Beugungsaufnahme Eichaufnahmen unter gleichen Bedingungen angefertigt oder das Präparat mit einer Eichsub-stanz gemischt werden. Im zweiten Fall überlagern sich jedoch die Dia-gramme der Eichsubstanz und der Untersuchungsprobe, so daß die Aus-wertung erschwert wird.

Es ist daher ratsam, nach dem Prinzip von RIEDMILLER zu verfahren und Untersuchungsmaterial und Eichsubstanz auf zwei verschiedenen

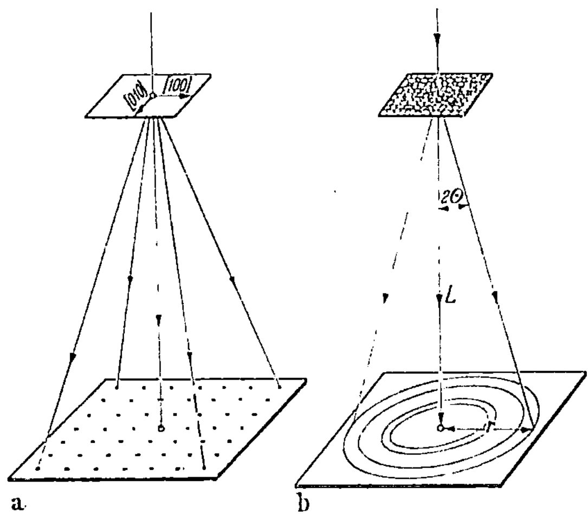

Abb. 37 a u. b. Beugungsdiagramme von a) einkristallinem und b) vielkristallinem Objekt, schematisch (aus REIMER)

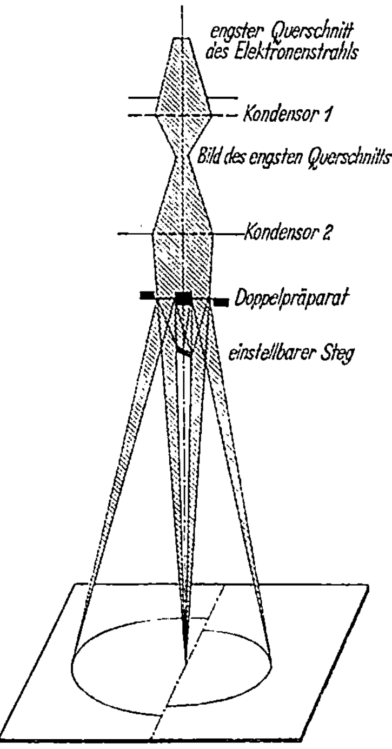

Abb. 38. Strahlengang bei der Simultanbeugung (nach RIEDMÜLLER aus REIMER)

Objektträgerblenden zu präparieren, aber gleichzeitig aufzunehmen. Abb. 38 zeigt den Strahlengang bei diesem Verfahren, bei dem durch einen Steg unterhalb des Objektes von jedem Diagramm die eine Hälfte ausgeblendet wird, so daß jeweils die halben Diagramme nebeneinander abgebildet werden, die unter exakt gleichen Bedingungen zustande gekommen sind. Abb. 39 zeigt die Beugungsdiagramme der Tonfraktion des Bodens von Buir und von NaCl als Eichsubstanz, Tab. 26 gibt die Auswertung dieser Aufnahme an, wobei 2 r_{beob} den auf der photographischen Platte gemessenen Durchmesser der Beugungsringe bedeutet und 2 r_{ber} den aus der Röntgenaufnahme für die hier benutzte Wellenlänge der Elektronenstrahlen errechneten Ringdurchmesser. Ferner sind die aus der Elektronenbeugungsaufnahme ermittelten Netzebenenabstände und die Minerale angegeben, denen diese Netzebenenabstände zuzuordnen sind. Tab. 27 enthält die Auswertung einer ähnlichen Aufnahme der Tonprobe Arloff mit Nontronit als Eichsubstanz.

Tabelle 26. *Elektronenbeugungsinterferenzen vom Boden Buir*
Aufn. 2298, Doppelblendenmethode, Eichsubstanz NaCl; $\lambda = 0,04465$ Å,
Beugungslänge 585,5 mm)

Int.	$2\,r_{beob}$	$2r_{ber}$	d (Å)	Mineral
stst	11,65	11,65	5,64	Illit, Nontronit
m+	18,55	18,55	2,82	Illit
st	20,25	20,40	2,58	Illit, Nontronit
m	23,35	–	2,24	–
m–	26,25	26,40	1,996	Illit
m	30,75	30,80	1,702	Nadeleisenerz
st	34,95	34,95	1,497	Illit, Hämatit
ss	36,05	36,05	1,452	Hämatit
m+	40,25	–	1,301	Illit
m	42,00	–	1,246	

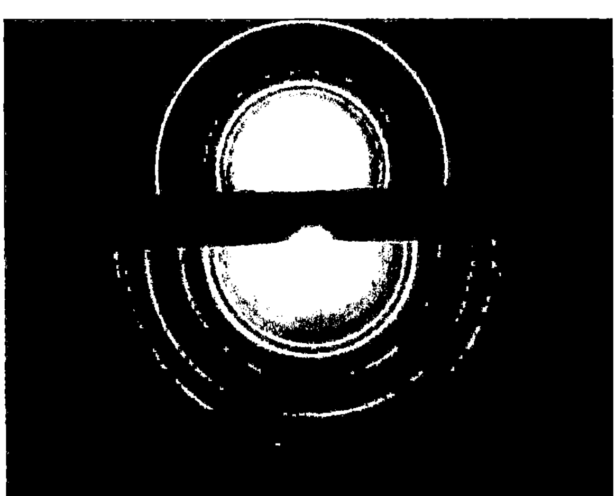

Abb. 39. (2298) Elektronenbeugungsdiagramm von Boden Buir und NaCl als Eichsubstanz

Tabelle 27. *Elektronenbeugungsinterferenzen der Probe Arloff*
(Aufn. 2300, Doppelblendenmethode, Eichsubstanz Nontronit;
$\lambda = 0,04465$ Å, Beugungslänge 585,5 mm)

Int.	$2r_{beob}$	$2r_{ber}$	d (Å)	Mineral
m p	11,75	11,70	4,45	Illit
st p	20,40	20,35	2,56	Illit, Kaolinit
m p	23,40	–	2,23	–
ss p	31,00	30,80	1,687	Illit
s p	33,95	33,75	1,541	Quarz
st p	35,15	34,95	1,488	Illit, Kaolinit
s	40,60	40,45	1,287	Illit
s	42,25	–	1,237	–

Quantitative Auswertung. Grundsätzlich ist es möglich, Elektronen-beugungs-Ringdiagramme in analoger Weise quantitativ auszuwerten wie Röntgenpulveraufnahmen und aus der Intensität bestimmter Interferenzen auf die Menge der einzelnen in der Probe enthaltenen Komponenten zu schließen. In einer Dissertation hat sich 1960 MÜSGEN mit der Möglichkeit einer solchen quantitativen Bestimmung beschäftigt und versucht, dies Verfahren auf die Rückstandsanalyse von Stahl anzuwenden. Dabei hat er Pulverdiagramme der einzelnen in Frage kommenden Komponenten, in erster Linie Metalloxyde, und Pulverdiagramme von Mischungen zweier oder mehr Bestandteile in verschiedenen Konzentrationen photometrisch ausgewertet. Dabei gelingt es bei Beachtung be-

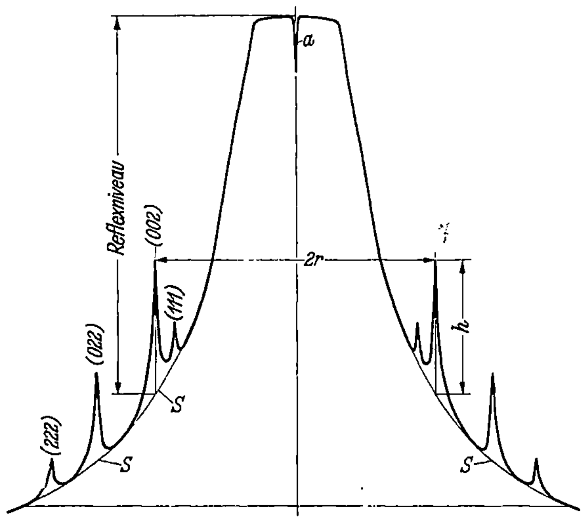

Abb. 40. Photometerkurve des Beugungsdiagramms von MgO, schematisch (nach MÜSGEN)

stimmter Voraussetzungen, aus der Intensität charakteristischer Interferenzlinien auf die Menge des betreffenden Minerals zu schließen unter Verwendung von Eichkurven, die an synthetischen Mischungen gewonnen wurden. In Abb. 40 ist die Photometerkurve des Beugungsdiagrammes von MgO mit den Interferenzen (111), (002), (022) und (222) schematisch dargestellt. Bei der Auswertung ist die Bestimmung des Durchmessers der Interferenzringe (2 r) und ihrer Höhe (h) als Maß für die Intensität wichtig.

b) Beugungsbilder einzelner Kristalle

Seit etwa 15 Jahren ist es möglich, auch im Elektronenmikroskop Beugungsbilder einzelner Kristalle zu erhalten, die dann strukturell ausgewertet werden können. Dabei wird entweder mit Hilfe eines Feinstrahlkondensors ein entsprechend kleiner Objektbereich von einigen µm Durchmesser von Elektronen beaufschlagt und von diesem Bereich das elektronenmikroskopische und das dazugehörige Beugungsbild aufge-

nommen, oder es wird in dem durch das Objektiv entworfenen Zwischen-
bild des Präparates ein kleiner Bereich ausgeblendet und von diesem mit
der entsprechenden elektronenoptischen Anordnung entweder die ver-
größerte Abbildung oder das Beugungsbild des zugehörigen Präparat-
bereiches auf dem Leuchtschirm entworfen. Mit diesem Verfahren ist es
möglich, Präparatbereiche bis zu etwa 1 µm Durchmesser oder Seiten-
länge auszublenden und von einzelnen Kristallen Beugungsbilder zu erhalten. Dieser bereits von BOERSCH angegebene Strahlengang im Elektronenmikroskop ist ein Analogon zur konoskopischen Beobachtung im

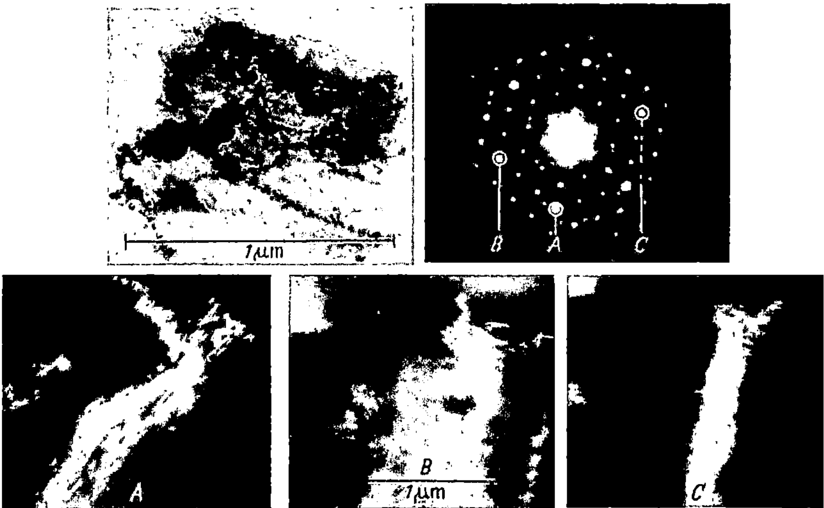

Abb. 41. Kaolinit von Schnaittenbach. Hellfeld, ausgeblendeter Bereich, und fokussiertes Beugungsbild; *A* Dunkelfeldbild mit dem Bragg-Reflex (330); *B*, *C* Dunkelfeldbilder mit den
Bragg-Reflexen (060) bzw. (0$\bar{6}$0).

Lichtmikroskop, bei der bekanntlich auch die hintere Brennebene des
Objektivs mit der Interferenzfigur und nicht die Bildebene betrachtet
wird.

Abb. 41 zeigt für den Kaolinit von Schnaittenbach den ausgeblendeten Bereich mit einer Kantenlänge von 1,85 µm in der Abbildung und das
dazugehörige fokussierte Beugungsbild. Die pseudohexagonale Anordnung der Reflexe ist sehr gut zu erkennen. Bemerkenswert ist, daß im
defokussierten Beugungsbild ein jeder Reflex die Gestalt des Kristalls an-
nimmt, von dem er herrührt. Es ist also auch dann möglich, die Reflexe
des Beugungsdiagramms eindeutig zuzuordnen, wenn mehrere Teilchen
auf dem ausgeblendeten Bereich liegen. Weiter besteht die Möglichkeit,
einzelne Reflexe aus dem Beugungsbild auszublenden und mit diesen
ausgeblendeten Strahlen Dunkelfeldbilder des Objektes zu erzeugen. Dabei leuchten die zu dem ausgeblendeten Reflex gehörenden Zonen des
Kristallgitters auf. So zeigt das Dunkelfeldbild 41 *A*, erzeugt mit dem

Reflex (330), die Zone [110] und die Dunkelfeldbilder B und C, erzeugt mit den Bragg-Reflexen (060) bzw. (06̄0), die Zone [010], d.h., es leuchtet in diesen Bildern B und C die kristallographische b-Achse auf.

Mit Hilfe der Beugungsdiagramme einzelner ausgeblendeter Kristalle ist in Tonfraktionen eine Unterscheidung von Kaolinit und Illit möglich, auch wenn die Teilchen eine charakteristische idiomorphe Umrandung nicht zeigen. Ein Beispiel hierfür bietet Abb. 42 mit einem Illitplättchen

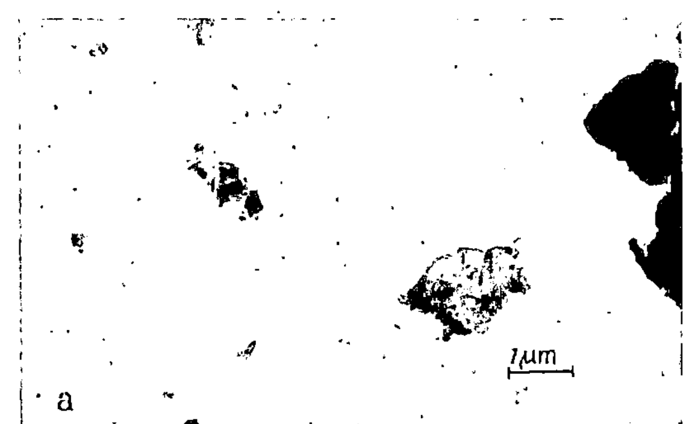
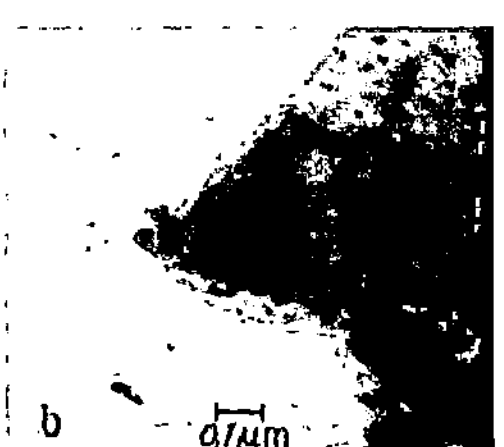
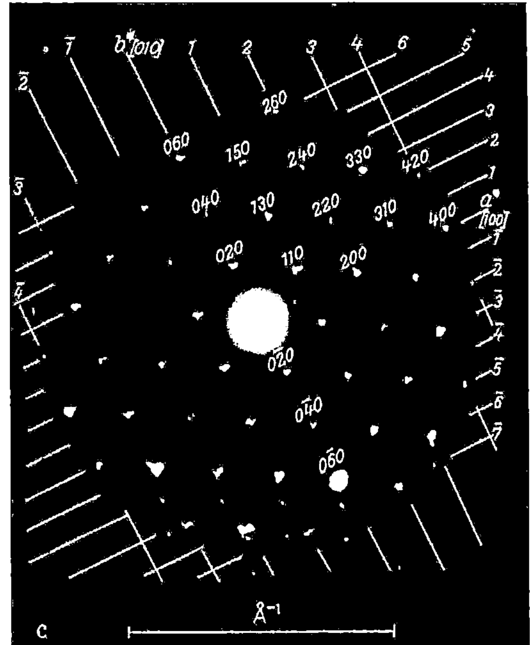

Abb. 42. Illit aus Streifensand (Nordsee)
a) (2841/59) Übersichtsbild. Vergr. el.-opt. 7200 : 1; b) (2842/59) ausgeblendeter Bereich. Vergr. el.-opt. 28 000 : 1; c) (2843/59) indiziertes Beugungsdiagramm, $a_0 = 5{,}0$ Å, $b_0 = 9{,}1$ Å

aus dem Schlämmstoff (Anteil unter 0,02 mm) eines Streifensandes der Nordsee. Die Abbildung zeigt nebeneinander eine Übersichtsaufnahme in 7200facher elektronenmikroskopischer Vergrößerung, den ausgeblendeten Bereich in 28000facher Vergrößerung und das dazugehörige Beugungsdiagramm mit der kristallographischen Indizierung. Aus dieser Aufnahme wurden die Gitterkonstanten $a_0 = 5{,}2$ Å und $b_0 = 9{,}1$ Å ermittelt, die eindeutig für Illit und nicht für Kaolinit sprechen.

Die entsprechenden Netzebenenabstände der Minerale Kaolinit und Illit liegen soweit auseinander, daß in guten Elektronenbeugungsdiagrammen ihre Unterscheidung möglich ist, wie die Tab. 12, S. 32 und 22, S. 52 zeigen. In diesen Tabellen sind für die beiden Minerale jeweils die aus entsprechenden Feinbereichsbeugungsdiagrammen ermittelten Netzebenenabstände zusammengestellt mit den theoretisch berechneten Werten und Werten, die für Kaolinit von PINSKER und von SUITO und UYEDA aus Elektronenbeugungsdiagrammen ermittelt wurden. Die Fehlergrenze der von uns gemessenen Werte liegt maximal bei 1 % vom Wert.

Auch von Illitleisten können schöne Elektronenbeugungsdiagramme erhalten werden, selbst wenn die Leisten nur etwa 0,1 µm breit sind. Bilden zwei solcher Leisten z.B. einen Winkel von etwa 30° miteinander, so sind auch ihre Beugungsbilder um den gleichen Winkel gegeneinander verdreht. In solchen Aufnahmen ist dann öfter zu erkennen, daß die Schärfe der Beugungsreflexe mit abnehmender Dicke der Teilchen verlorengeht: die scharfen Reflexe gehören den dickeren Leisten, die breiteren Reflexe den dünnen Leisten an.

Ein besonders schönes Beugungsbild vom Muskovit stellt Abb. 17, S. 40 dar. In die Übersichtsaufnahme ist der ausgeblendete Bereich, von dem das Beugungsdiagramm stammt, eingezeichnet.

3. Korngrößenbestimmung im elektronenmikroskopischen Bereich

Durch entsprechende Auswertung elektronenmikroskopischer Aufnahmen ist auch eine Bestimmung der Korngrößenverteilung möglich. Das haben bereits EITEL und SCHUSTERIUS im Jahre 1940 gezeigt, die auf geeigneten Papiervergrößerungen die Teilchen einzeln mit dem Lineal vermessen und daraus die Verteilungskurve gewonnen haben. Um dieses Verfahren zu vereinfachen und abzukürzen, stellten sie von den Bildern geeignete Mikrofilme her, die unter dem Lichtmikroskop mit Hilfe von Integrationsgeräten ausgemessen wurden. In ähnlicher Weise ging auch MÜSGEN vor, der auf lichtoptischen Papiervergrößerungen die Teilchen mit einem durchsichtigen Plexiglaslineal vermessen hat. Abb. 43 zeigt das Ergebnis einer solchen Auswertung für Quarz, wobei in diesem Fall 2291 Einzelteilchen vermessen wurden, die die angegebene Verteilungskurve ergaben.

Eine derartige Auswertung ist naturgemäß sehr langwierig und anstrengend. Um sie zu erleichtern, haben ENDTER und GEBAUER ein halbautomatisches Gerät entwickelt, welches eine statistische Auswertung von lichtmikroskopischen und elektronenmikroskopischen Aufnah-

5*

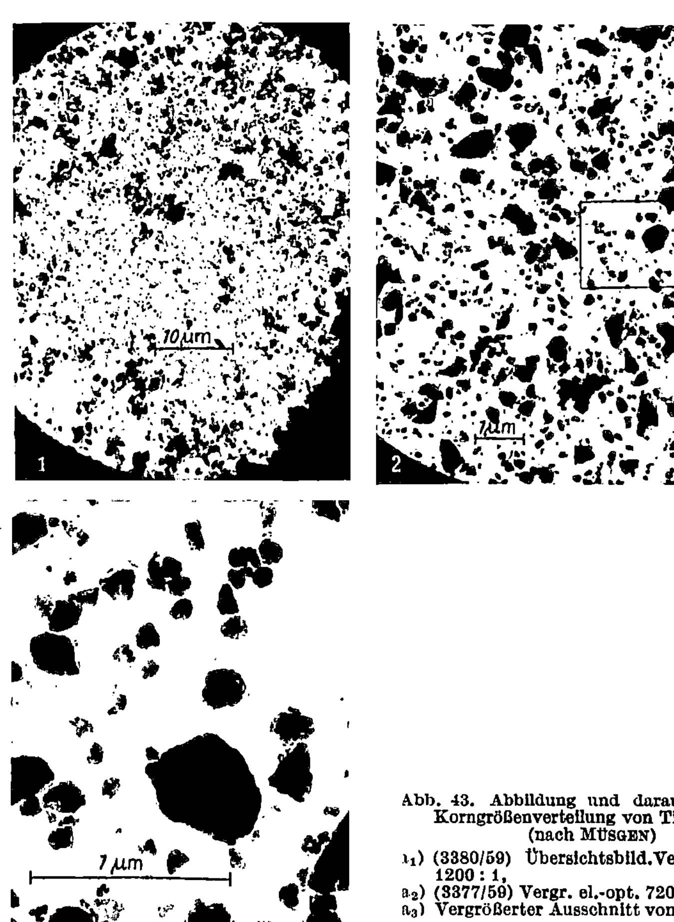

Abb. 43. Abbildung und daraus ermittelte
Korngrößenverteilung von Tief-Quarz
(nach MÜSGEN)

a_1) (3380/59) Übersichtsbild.Vergr. el.-opt.
1200 : 1,
a_2) (3377/59) Vergr. el.-opt. 7200 : 1.
a_3) Vergrößerter Ausschnitt von a_2);

b) daraus ermittelte Verteilungskurve

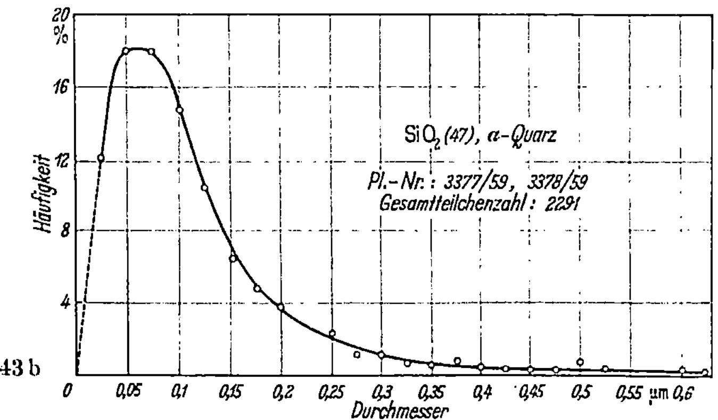

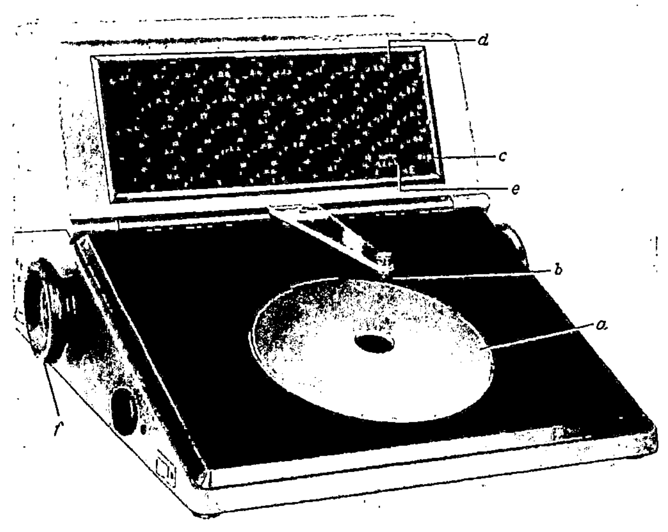

Abb. 44. Teilchengrößenanalysator nach ENDTER (aus Zeiß-Prospekt)
a Bildauflage; *b* Markierstift; *c* Anzeige der Zählart; *d* Einzelzählwerke;
e Summenzählwerk; *f* Handrad zur Einstellung der Meßmarke

men in kurzer Zeit mit hoher Genauigkeit gestattet. Dieser Teilchengrößenanalysator, der von Carl Zeiss, Oberkochen, hergestellt wird, ist in Abb. 44 dargestellt. Für die Auswertung müssen die abgebildeten Teilchen in ihrer Ausdehnung und in ihrer Art für das Auge gut erkennbar sein und sollen in der Abbildung eine Größe von 1 mm nicht unterschreiten.

Die transparente Vergrößerung der Mikroaufnahme wird auf die Glasscheibe des Gerä-

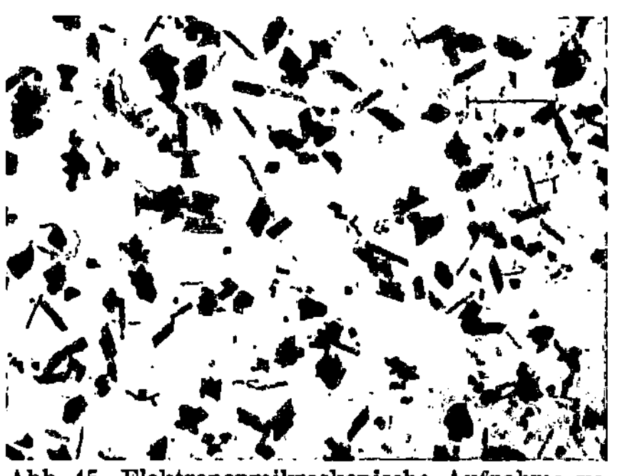

Abb. 45. Elektronenmikroskopische Aufnahme von Aluminiumhydroxyd-Sol
Vergr. el.-opt. 14500 : 1 (aus Zeiß-Prospekt)

tes gelegt, auf der eine Irisblende abgebildet ist, deren Öffnung auf die gleiche Fläche eingestellt wird, die das zu zählende Teilchen besitzt. Durch Betätigen eines Fußhebels werden die verschiedenen eingestellten Durchmesser der Irisblende von den entsprechenden Zählwerken registriert und gleichzeitig das gezählte Teilchen durch einen Markierstift gekennzeichnet. Zum Auszählen von 1000 Teilchen werden etwa 15 Minuten benötigt. Abb. 45 gibt die elektronenmikroskopische Aufnahme von einem Aluminiumhydroxyd-Sol wieder, das mit dem Teilchen-

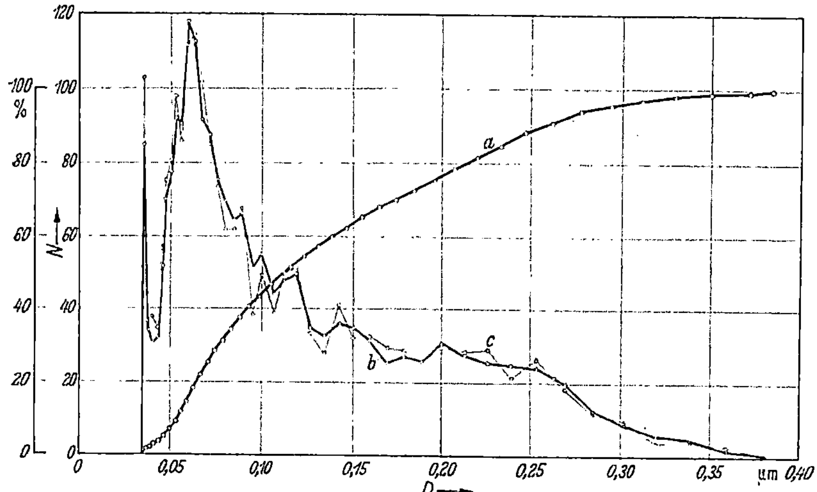

Abb. 46. Aluminiumhydroxyd-Sol, Summenlinie *a* und Verteilungskurven nach Auswertung von 5000 Teilchen *b* und 2500 Teilchen *c* (aus Zeiß-Prospekt)

größenanalysator ausgewertet wurde, Abb. 46 die Summenlinie und Verteilungskurve auf Grund einer Auswertung von 16 Aufnahmen wie Abb. 45 mit einer Gesamtteilchenzahl von etwa 5000; die Kurve *c* gibt Zwischenwerte an, die nach Auswertung von etwa 2500 Teilchen gewonnen wurden.

a   b   c

Abb. 47 a–c. Elektronenmikroskopische Aufnahmen von Schamottekörnern (nach BOSE, MÜLLER-HESSE u. SCHWIETE)

a) nicht mit Flußsäure behandelt; b) 10 min mit 10%iger HF behandelt; c) 2 Stunden mit 10%iger HF behandelt

4. Anwendung in der Keramik

Es sei noch eine Anwendung bzw. Modifizierung der geschilderten Verfahren erwähnt, die in der keramischen Forschung besondere Bedeutung erlangt hat. Bekanntlich besteht der keramische Scherben vom Porzellan bis zum feuerfesten Schamottekorn im allgemeinen zu über 50% aus Glasphase, in die u. a. Mullitnadeln eingelagert sind. Wegen der Dicke der Schamottekörner werden diese bei der normalen Präparation von den Elektronenstrahlen nicht durchstrahlt, und die Mullitleisten sind daher höchstens an dünnen und auskeilenden Rändern der Körner erkennbar.

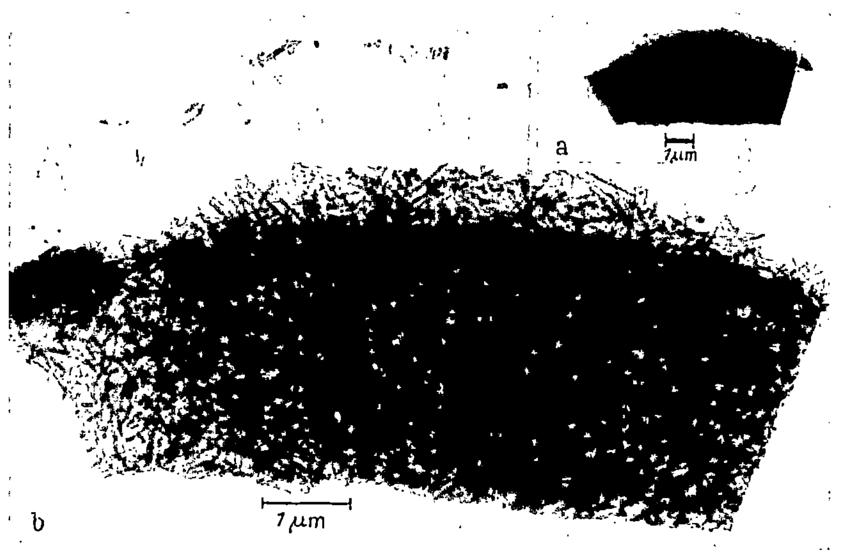

Abb. 48a u. b. Mullitleisten, aus einem bei 1260 °C gebrannten Gemisch aus Kaolin und Illit mit Flußsäure isoliert (nach NEMETSCHEK)
a) Objekt vor der Flußsäurebehandlung

Die verschiedene Löslichkeit der Mullitkristalle und der Glasphase ermöglicht es aber, wie BOSE, MÜLLER-HESSE und SCHWIETE gezeigt haben, letztere sichtbar zu machen. Abb. 47 zeigt Schamottekörner nach verschieden langer Behandlung mit 10%iger Flußsäure. Hierbei wurden die Schamottekörner in HF gelöst und dann für das Elektronenmikroskop präpariert, so daß es kaum möglich ist, die gleichen Körner vor und nach der Behandlung mit Flußsäure abzubilden.

Einen Schritt weiter ging NEMETSCHEK, dem es gelang, den Mullit in gebranntem Ton in situ abzubilden, indem er das bereits photographierte elektronenmikroskopische Präparat einer Flußsäureatmosphäre aussetzte. Dabei wird die Glasphase gelöst, und es bleiben die Mullitleisten in ihrer natürlichen Anordnung erhalten (Abb. 48).

5. Dünnschnitte von Mineralen

Seit einigen Jahren haben wir uns die Aufgabe gestellt, die Möglichkeit des Schneidens von Mineralen und anorganischen Produkten systematisch zu erforschen. Die ersten Arbeiten auf diesem Gebiet gehen auf PFEFFERKORN, THEMANN und URBAN zurück, die im Jahre 1956 morphologische und Gefüge-Untersuchungen mit dieser Methode anstellten. 1959 wies dann ECKHARDT auf die Möglichkeit hin, Mineraldünnschnitte mit Hilfe der Elektronenbeugung zu untersuchen. Eine besondere Bedeutung können derartige Dünnschnitte, z.B. von Schichtsilikaten, erhalten, da sie eine Untersuchung auch anderer Durchstrahlungsrichtungen als der Plättchenebene ermöglichen.

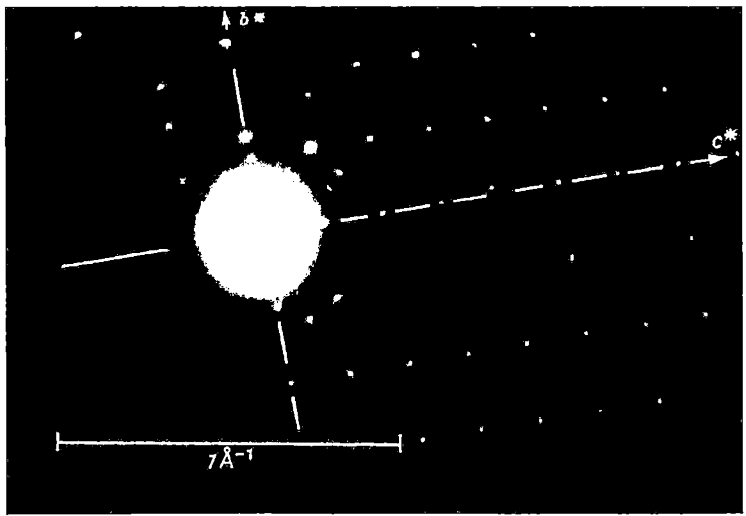

Abb. 49. (41/61) Beugungsdiagramm eines Kaolinit-Dünnschnittes senkrecht zur Basisebene, Abbildung der Ebene b*–c* des reziproken Gitters

Um Minerale schneiden zu können, müssen sie in geeignete Einbettungsmittel gebracht werden, die möglichst die gleiche Härte wie die Minerale haben, gut an ihnen haften und die eingebetteten Proben nicht verändern, weder durch Schrumpfen noch durch Quellen. Bisher haben sich als Einbettungsmittel Mischungen von Butyl- und Methylmethacrylat am besten bewährt, wenn sie auch nicht sehr gut an den Silikaten haften, so daß die Gefahr besteht, daß Teile aus den Dünnschnitten herausbrechen. Nach dem Polymerisieren der niedrigviskosen Einbettungsflüssigkeiten wird die plexiglasähnliche Masse pyramidenförmig angespitzt, und von ihrer Spitze werden mit dem Diamantmesser feine Scheiben von etwa 300–800 Å Dicke abgeschnitten. Hierfür verwenden wir das Ultramikrotom mit Diamantmesser nach FERNÀNDEZ-MORÀN.

Abb. 7 (S. 28) zeigt einen Ultradünnschnitt von Kaolinit, in dem die z.T. senkrecht zur Plättchenebene geschnittenen Kaolinittafeln recht gut zu erkennen sind. Die Kristalle haben auch im Dünnschnitt eine geldrollenartige Anordnung, wie sie aus den lichtmikroskopischen Untersuchungen bereits bekannt ist. In Abb. 49 ist das Elektronenbeugungsdiagramm eines Kaolinitkristalls abgebildet, der senkrecht zur Plättchen-

Abb. 50. (Ra 61) Ultradünnschnitte von Kaolinitblättchen, etwa senkrecht zur Basis geschnitten. Vergr. el.-opt. 20000 : 1

ebene geschnitten ist, die Richtung [001] liegt waagerecht, die Richtung [020] senkrecht.

Daß beim Schneiden von Mineralen mechanische Beanspruchungen und Verformungen auftreten können, die nicht ohne Einfluß auf ihre Eigenschaften sind, geht aus der Tatsache hervor, daß z. B. Schnitte von Kaolinit im Elektronenmikroskop auffallend leicht entwässern. Möglicherweise entsteht beim Schneiden eine so starke Fehlordnung in Richtung der c-Achse, daß die OH-Ionen wesentlich leichter abgespalten werden. In Abb. 50 sind einige Kaolinitschnitte etwas stärker vergrößert, in ihnen sind die weißen Streifen parallel zur Plättchenebene möglicherweise durch das Heraustreten der OH-Ionen aus den Schichtpaketen entstanden.

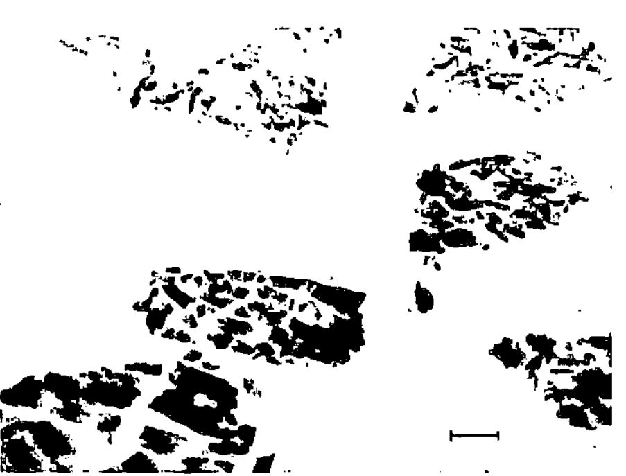

Abb. 51. (Ra 20) Ultradünnschnitt von Feldspat, gepulvert, Korngröße 5—6 µm. Vergr. el.-opt. 5000 : 1

Dafür spricht auch die Tatsache, daß an manchen Stellen diese Streifen aus einzelnen dicht nebeneinanderliegenden Bläschen aufgebaut werden, die wir als Folge des Wasseraustrittes aus dem Kaolinitgitter deuten.

Aus Beugungsdiagrammen derartiger Schnitte haben wir eine Änderung des d_{001}-Wertes von 7,15 Å auf etwa 6 Å festgestellt.

Neben Tonmineralen haben wir auch Feldspat und Quarz zu schneiden versucht und auch von diesen Mineralen mehr oder weniger gute Schnitte erhalten. Im Feldspat macht sich seine gute Spaltbarkeit beim Schneiden dadurch bemerkbar, daß die einzelnen Partikeln in kleine Bereiche zerfallen, wie aus Abb. 51 hervorgeht. Aus dem oberen Teil dieses Bildes sind Teile des Schnittes herausgefallen, was auf der schlechten Haftfestigkeit und einem Schrumpfen des Einbettungsmittels während des Polymerisierens beruht. Hierdurch können

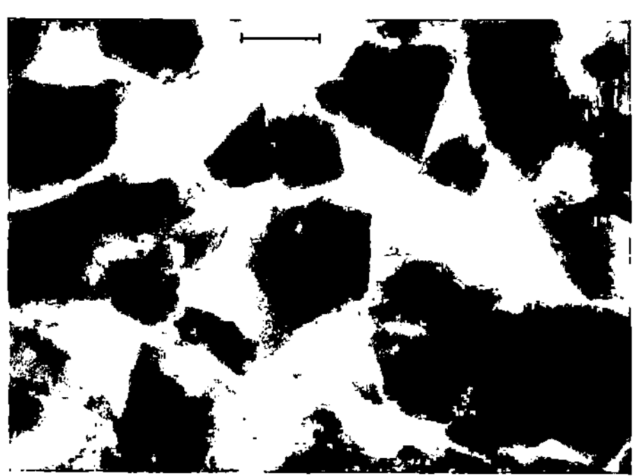
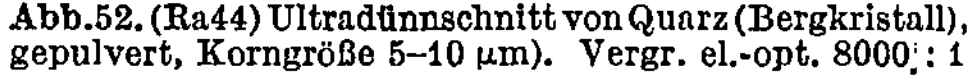

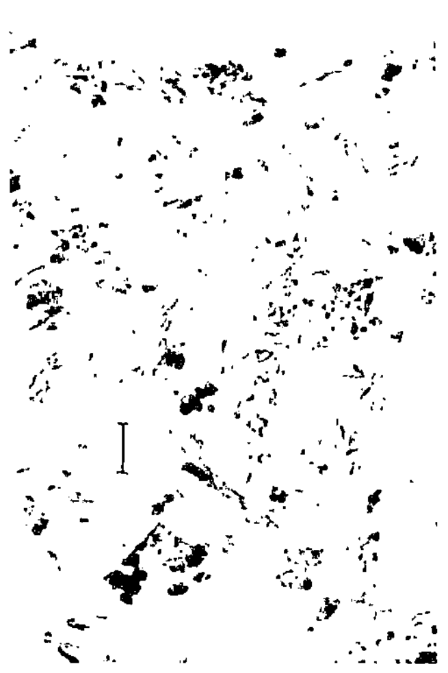

Abb. 52. (Ra44) Ultradünnschnitt von Quarz (Bergkristall), gepulvert, Korngröße 5–10 μm). Vergr. el.-opt. 8000 : 1

Abb. 53. (274) Sillitin, Ultradünnschnitt. Kaolinit und Quarz. Vergr. el.-opt. 5000 : 1

Hohlräume und Poren vorgetäuscht und besonders bei Gefüge-Untersuchungen Fehlschlüsse verursacht werden.

In Abb. 52 sei noch das Bild eines Quarzdünnschnittes angefügt. Wir haben hier die Kornfraktion 5–10 μm eines Quarzpulvers in eine Mischung von Butyl- und Methylmethacrylat eingebettet und mit dem Diamantmesser geschnitten. Die abgeschnittenen, oder besser, geraspelten Quarzteilchen lassen einen oft keilförmigen Aufbau erkennen und zeigen keine Spaltbarkeit, sondern den beim Quarz bekannten muschligen Bruch. Sowohl von Feldspat- als auch von Quarzdünnschnitten konnten wir Elektronenbeugungsdiagramme erhalten. Eine weitere Erforschung der Schneidfähigkeit von Mineralen und eine spezielle strukturelle Auswertung der Elektronenbeugungsbilder ist im Gange.

Außer Mineralen, die wie in den besprochenen Beispielen als Pulver einzelner Kristalle oder Kristallteilchen vorliegen, ist es auch möglich, Minerale in natürlichem Verband, z.B. natürliche Tone, zu schneiden. Die Dünnschnitte vermitteln dann ein Bild des Aufbaus des Gesteins im sublichtmikroskopischen Bereich. Abb. 53 zeigt einen solchen Dünnschnitt von Sillitin, einem gereinigten Produkt des Neuburger Weiß (Neuburger Kieselerde). Zwischen den einzelnen Kaolinitplättchen lagern winzige Quarzkörner, die ein Zusammenbacken der tafligen Kristalle verhindern und die große Oberfläche des Materials bedingen.

V. Die technische Verwertbarkeit der Rohstoffe in der Keramik

Bevor die Lagerstätten der wichtigsten keramischen Rohstoffe beschrieben werden, wird im folgenden Abschnitt eine Einteilung der keramischen Erzeugnisse versucht unter Angabe der für ihre Herstellung verwendeten Rohstoffe.

Die Zusammensetzung einiger charakteristischer keramischer Tone

Schon früh hat man versucht, für die Rohstoffe bestimmter keramischer Erzeugnisse charakteristische Zusammensetzungen zu finden, dabei erfolgte die Charakterisierung zunächst nur auf Grund der rationellen und chemischen Zusammensetzung sowie der Teilchengröße. Erst später hat man dann gelernt, den Mineralbestand der Tone zu bestimmen, und gelangte damit zu einem tieferen Verständnis ihrer Eigenschaften. Denn nicht allein die in der chemischen Analyse ermittelten Oxyde sind neben ihrer Feinheit für Eigenschaften und Verwendung der Tone maßgebend, sondern vielmehr die sie zusammensetzenden Minerale. Daher versucht man heute, die Tone nach Mineralbestand *und* Feinheit zu charakterisieren und daraus ihre zweckmäßigste Verwendung abzuleiten.

Von den älteren Versuchen, Tone nach ihrer Verwendung zu charakterisieren, sollen hier nur einige Beispiele aufgeführt werden, die LEHMANN im Jahre 1942 gegeben hat. Bei den Gemeinschaftsarbeiten im Rohstoffausschuß der Deutschen Keramischen Gesellschaft und den Vorarbeiten zur Schaffung von Rohstoffmerkblättern und Rohstoffkarten bereitete oft die richtige Benennung der auf dem Markt befindlichen keramischen Rohstoffe Schwierigkeiten. Man hat daher versucht, zunächst für die wichtigsten Rohstoffe Rohstoffdefinitionen festzulegen, die sich auf die Ergebnisse der wissenschaftlichen Forschung und die technischen Erfahrungen stützen und mit den Anforderungen der Industrie in Einklang stehen, so daß ihr zweckmäßiger und sinnvoller Einsatz ermöglicht wird. Dabei sollte nicht jede Variante mit einer neuen Definition belegt werden, sondern eine besondere Kennzeichnung durch Angabe der Lagerstätte erfolgen.

Von diesen allgemeinen Definitionen seien folgende genannt: *Rohkaolin* (Porzellanerde) ist das natürliche Zersetzungsprodukt feldspathaltiger Gesteine, das neben Quarz mehr oder weniger Kaolinit enthält, während als *Feinkaolin* oder geschlämmter Kaolin ein durch Schlämmen, Windsichtung, Flotation, Elektrophorese o.ä. gewonnener, überwiegend aus Kaolinit bestehender Rohstoff bezeichnet wird. In gleicher Weise wird mit *Rohton* jedes entsprechende natürliche Tongestein bezeichnet, das noch nicht künstlich aufbereitet ist.

Bentonit ist ein natürliches lockeres Tongestein, das neben wenig Quarz verschiedener Korngröße vorwiegend Montmorillonit enthält und meist ein natürliches Zersetzungsprodukt vulkanischer Aschen oder liparitischer (größtenteils glasig erstarrter) Gesteine darstellt.

Mit *Letten* bezeichnet man deutlich geschichtete, bunte, rot-, grün- oder violettfarbige Tone mit mehr oder weniger sandigem Charakter, während *Lehm* stets größere Mengen Feinsand enthält.

Ziegeltone erweichen wegen ihres hohen Flußmittelgehaltes (Alkalien, Kalk, Eisenverbindungen) schon zwischen 1000 und 1150 °C. Sie enthalten vor allem glimmerartige Tonminerale, daneben Kaolinit und Montmorillonit in wechselnden Mengen, ferner untergeordnet Quarz, Glimmer, in geringen Mengen Feldspat, Hornblende und manchmal als Neubildung im Sediment Glaukonit, Reste organischer Schalen, besonders wenn sie marinen Ursprungs sind, und Erzteilchen wie Pyrit und Limonit. Sie haben daher eine meist rote Brennfarbe, die bei Anwesenheit von viel Kalk bis zum Gelb aufgehellt wird.

Feuerfeste Tone haben ihren Segerkegel-Fallpunkt oberhalb SK 18 (1500 °C).

Mit *Blauton* bezeichnet man hochplastische, feuerfeste Tone ohne gröbere Beimengungen, die im Rohzustand häufig bläulich gefärbt sind.

Der bildsame feuerfeste *Kapselton* wird wegen seiner hohen Standfestigkeit im Feuer zur Herstellung von Schamotte-Kapseln verwandt, während *Hafentone* oder *Glashafentone* gut bildsame feuerfeste Tone sind mit gutem Bindevermögen und hoher Trockenfestigkeit, die, ohne merklich zu erweichen, relativ früh dicht brennen.

Schiefertone sind sehr feste, meist graue oder schwarze, mehr oder weniger deutlich geschichtete Tongesteine, die erst nach dem Feinmahlen mit Wasser bildsam werden und aus denen Schieferschamotte zur Herstellung feuerfester Erzeugnisse erbrannt wird.

Steinguttone sind plastische feuerfeste Tone von weißer oder gelblicher Brennfarbe, die neben Kaolinit mehr oder weniger feinsten Quarz und häufig glimmerartige Tonminerale enthalten, während *Steinzeugtone* plastische, von gröberen Beimengungen und von $CaCO_3$ freie Tone sind, die unter SK 10 (1300 °C) sintern, deren Segerkegel-Fallpunkt aber mindestens 5 Segerkegel über ihrer Sintertemperatur liegt.

In Tab. 28 ist versucht worden, eine übersichtliche Darstellung der keramischen Erzeugnisse mit ihren charakteristischen Eigenschaften, ihrer Zusammensetzung und den für ihre Herstellung verwendeten Rohstoffen zu geben.

Die Haupteinteilung erfolgt hier nach dem Zustand des Scherbens, während für eine Unterteilung innerhalb der großen Gruppen die Zusammensetzung maßgebend ist.

Nach der Höhe des Brandes und der Verfestigung des Scherbens sind zwei Gruppen zu unterscheiden: Irdengut mit porösem, nichttransparentem Scherben und Sintergut mit dichtem Scherben. Die Brenntemperatur des ersten ist im allgemeinen niedriger, von den feuerfesten Erzeugnissen abgesehen, und der Scherben im allgemeinen noch porös. Im folgenden sollen die einzelnen Gruppen der keramischen Erzeugnisse kurz besprochen werden.

Tabelle 28. *Einteilung der keramischen Erzeugnisse*

Bezeichnung	Charakteristika	Zusammensetzung	Verwendete Rohstoffe
A. Irdengut	Scherben porös, wasseransaugend, nicht transparent		
1. *Ziegeleierzeugnisse*	nicht feuerfest, Scherben meist farbig, vorw. gelb oder rot, erdiger Bruch, Garbrand SK 010a–10		mehr oder weniger kalk- u. eisenhaltige, bildsame Tone, Ziegellehme, Sand
Ziegel Verblender Bauterrakotten Hohlziegel (Hourdis) Poröse Steine (Isoliersteine)			Zusatz von Ausbrennstoffen, wie: Torf, Sägespäne, Kohlengrus
Drainröhren Dachziegel			
2. *Feuerfeste Erzeugnisse*	SK $>$ 18; hochff. SK $>$ 36, Scherben weiß bis gelblich, Garbrand SK 10–18		
Silikaerzeugnisse		$>$92% SiO_2	Quarzit
Schamotteerzeugnisse			Quarz, Ton
Quarz-Schamotte-Erzeugnisse		10– 32% Al_2O_3	Ton bzw. Schamotte
Schamotteerzeugnisse (A- Qual.)		32–$>$44% Al_2O_3	Ton, Korund, kalz. Tonerde
Hochtonerdehaltige Erzeugnisse		44– 55% Al_2O_3	
Sillimanit-Mullit-Erzeugnisse		55– 75% Al_2O_3	Sillimanit, Cyanit, Korund, kalz. Tonerde, Bauxit

Tabelle 28 (Fortsetzung)

Bezeichnung	Charakteristika	Zusammensetzung	Verwendete Rohstoffe
Korunderzeugnisse		$>75\%$ Al_2O_0	Korund, kalz. Tonerde, Ton
Forsteriterzeugnisse		$47\text{--}55\%$ MgO, $33\text{--}39\%$ SiO_2, $0\text{--}11\%$ Fe_2O_3	Olivin, Serpentin, Magnesit
Dolomiterzeugnisse		$32\text{--}39\%$ MgO, $58\text{--}62\%$ CaO	Dolomit
Magnesiterzeugnisse		$80\text{--}95\%$ MgO, $3\text{--}6\%$ CaO, $4\text{--}10\%$ Fe_2O_3	Magnesit, Sintermagnesit
Chromithaltige Erzeugnisse Magnesitchromerzeugnisse	Scherben von dunkler Farbe	$6\text{--}20\%$ Cr_2O_3, $55\text{--}80\%$ MgO, $6\text{--}12\%$ Fe_2O_3	Chromerz, Sintermagnesit
Chrommagnesiterzeugnisse		$15\text{--}45\%$ Cr_2O_3, $25\text{--}55\%$ MgO, $10\text{--}20\%$ Fe_2O_3	Chromerz, Magnesit
Chromiterzeugnisse		$30\text{--}50\%$ Cr_2O_3, $<25\%$ MgO, $15\text{--}30\%$ Fe_2O_3	Chromerz
Zirkonerzeugnisse		$45\text{--}65\%$ ZrO_2, $30\text{--}50\%$ SiO_2	Zirkonsand
Hochfeuerfeste Erzeugnisse Siliziumkarbid Kohlenstofferzeugnisse			
3. *Töpfereierzeugnisse*	Scherben nicht weiß, erdiger Bruch, Garbrand SK 010a–5a		mehr oder weniger kalk- u. eisenhaltige bildsame Tone, Sand
Antike Geschirre Irdenware, bes. Kochgeschirr Schmelzware Wasserkühler Ofenkacheln			
4. *Steingut*	Scherben vorw. weiß, erdiger Bruch		weiß- bis gelbbrennende bildsame Tone

Leichtsteingut
   Tonsteingut
   Kalksteingut
		$40\text{--}55\%$ Ts, etwa 40% Qu, $5\text{--}20\%$ $CaCO_3$	Kaolin, Ton; Kalkspat, Kreide; Quarz; Feldspat

Tabelle 28 (Fortsetzung)

Bezeichnung	Charakteristika	Zusammensetzung	Verwendete Rohstoffe
Mischsteingut Feldspatsteingut (Hartsteingut) Feuertonware (Schamottesteingut)		45–50% Ts, 42–48% Qu, 1–3% F, 5–8% 40–55% Ts, 42–55% Qu, 3–10% F [CaCO$_3$]	Kaolin, Ton; Kalkspat, Kreide; Quarz; Feldspat
B. Sintergut	Scherben dicht		
1. *Steinzeug*	Scherben nicht oder höchstens an den Kanten transparent	30–70% Ts, 20–60% Qu, 5–25% F	
Grobsteinzeug Klinkerware Klinker	Scherben nicht weiß, vorwiegend gelbbraun bis blaugrau		frühsinternde Tone, Steinzeugtone, Sand, Sinterschamotte

Kanalisationsrohre
  Chem.-techn. Steinzeug
  Säurefeste Steine
  Tröge
  Wannen
Feinsteinzeug
		25–50% Ts, 30–45% Qu, 20–30% F	Steinzeugtone, Quarz

Fliesen Gebrauchs- u. Ziergefäße	Scherben nicht weiß Scherben grau bis weiß		hellbrennende Steinzeugtone, Kaolin, Feldspat, Quarz
Isolatoren Vitreous China		40–45% Ts, 20–30% Qu, 20–30% F, 0–3% CaCO$_3$	
Wedgwoodware	Scherben künstlich gefärbt		
2. *Porzellan*	Scherben transparent, weiß		Kaolin, Feldspat, Quarz

Weichporzellan
  Frittenporzellan
  Knochenporzellan
  Segerporzellan
	Garbrand bis SK 8–10	25–35% Ts, 22,5% Qu, 20–35% F
		
		25% Ts, 45% Qu, 30% F	

Tabelle 28 (Fortsetzung)

Bezeichnung	Charakteristika	Zusammensetzung	Verwendete Rohstoffe
Hartporzellan Chem.-techn. Porzellan Elektroporzellan Sonderporzellanmassen	Garbrand SK > 10	55% Ts, 22,5% Qu, 22,5% F	
C. Elektrotechnische und hochfeuer- feste *Spezialitäten* Steatit Al_2O_3 $MgOAl_2O_3$ BeO ZrO_2 ThO_2 Rutilmassen Cordierit Fe_3O_4	Scherben meist dicht, schwach gefärbt	80–85% Speckstein, 5–15% Ton, 5% F	Talk, Speckstein

A. Irdengut

1. Ziegeleierzeugnisse

Ziegeleierzeugnisse haben einen porösen, meist farbigen, wasseransaugenden Scherben mit erdigem Bruch, ihre Brennfarbe ist vorwiegend gelb oder rot. Der Garbrand erfolgt bei SK 010a–10. Sie sind nicht feuerfest. Sofern Glasuren bei einzelnen Produkten vorkommen, verwendet man Bleiglasuren (für SK 010a–6a), in denen Blei durch Alkali und CaO ersetzt werden kann, aber auch Lehmglasuren finden Verwendung, die bei SK 4a–8 gebrannt werden.

Als Rohstoffe kommen Lehme und Tone mit mehr oder weniger hohem Eisen- und Kalkgehalt in Frage, ferner Sand, Quarzbrocken und Schamotte, bei porösen Produkten auch Ausbrennstoffe.

Die Lehme und Tone sollen leicht verformbar, wetterfest brennbar und frei von Gips, Schwefelkies, Mergel- und Kalkknollen sein. Ihr Kalkgehalt darf 30% nicht übersteigen.

Bei den *Mauerziegeln* ist zu unterscheiden zwischen Vor- und Hintermauersteinen, wobei an die letzten bezüglich Farbe und Frostbeständigkeit geringere Anforderungen gestellt werden, so daß für ihre Herstellung auch geringerwertige Rohstoffe verwandt werden können.

Frostbeständige Mauerziegel werden als *Vormauerziegel* verwandt, mit Druckfestigkeiten zwischen 100 und 350 kg/cm².

Ihre Brenntemperatur liegt bei SK 010 a–3 a. Meist werden sie nicht glasiert.

Verblender dienen zur Verkleidung von Fassaden, daher müssen sie frostbeständig sein und eine gleichmäßig gefärbte Oberfläche besitzen. Das wird erreicht durch Engoben, d. h. farbige Überzüge aus feinem Ton, und durch Glasuren. Ihr Wasseraufnahmevermögen liegt zwischen 2 und 4 %.

Bauterrakotten unterscheiden sich von den Verblendern durch ihre ornamental oder figürlich ausgebildete Oberfläche, sie werden meist in Gipsformen plastisch verformt.

Hohlziegel oder *Hourdis* können bis über 1 m Länge erreichen und werden mit dünnen, zwischen 0,6 und 1 cm starken Stegen auf der Strangpresse hergestellt. Die Druckfestigkeit ist etwas höher als die der Vollziegel, an ihre Rohstoffe müssen daher auch höhere Anforderungen gestellt werden.

Poröse Steine oder Leichtziegel (Isoliersteine) verwendet man wegen ihrer geringen Wärmeleitfähigkeit und hohen Schallisolierung. Als Ausbrennstoffe können Häcksel, Torf, Sägespäne, Kohlengrus verwandt oder Leichtstoffe wie Kieselgur oder Molererde zugesetzt werden. Der Scherben ist rauh, die Farbe unrein.

Drainröhren dienen zur Entwässerung des Bodens, ihr Scherben ist stark saugend, also sehr porös, ihre Farbe unrein. Sie sollen jedoch einen texturfreien gleichartigen Bruch zeigen. Sie werden auf der Strangpresse verformt und müssen frostbeständig sein.

Dachziegel werden zunächst nach Art ihrer Herstellung in Preßdachziegel und Strangdachziegel unterteilt, eine weitere Unterscheidung erfolgt nach Form und Verfalzung. Sie sind gleichartig rot oder, infolge Dämpfens, grau bis schwarz gefärbt, ihre Oberfläche kann engobiert oder glasiert werden. Der Scherben soll texturfrei und glatt sein, der Klang hell. An Glasuren kommen Blei- und Lehm-, bzw. Eisenglasuren, bei dichtem, freien Quarz enthaltendem Scherben auch Salzglasuren, vor.

2. Feuerfeste Erzeugnisse

Feuerfeste Erzeugnisse sind solche keramischen Produkte, deren SK-Fallpunkt oberhalb SK 18 (1500 °C) liegt, sie gelten als hochfeuerfest, wenn ihr Segelkegelfallpunkt SK 36 (1790 °C) übersteigt. Ihre Brenntemperatur liegt zwischen SK 10 und SK 18. Sie werden im allgemeinen nach keramischen Verfahren oder durch Heraussägen aus geeigneten Rohstoffen (z. B. aus Sillimanit) bzw. durch Vergießen aus dem Schmelzfluß (z. B. Corhartsteine) hergestellt.

Die Produktion nach keramischen Verfahren geschieht durch Zerkleinern des Rohmaterials in Brecher, Prallmühle und Kollergang, Zerlegen in bestimmte Kornklassen, welche in Silos gelagert werden und aus denen unter Zusatz von Bindemitteln (meist Ton) die Massen hergestellt werden. Verformt werden plastische Massen aus der Strangpresse oder von Hand in Formen, fast trockene, krümelige Massen nach dem Trockenpreßverfahren oder durch Stampfen und Rütteln, z. B. mittels Preßlufthämmern; verflüssigte Massen werden gegossen. Das Trocknen erfolgt

in Trockenkammern oder im Großraum, das Brennen im Einzel-, Ring-
oder Tunnelofen, mit Kohle, Gas oder Ölfeuerung.

Für fast alle feuerfesten Erzeugnisse existieren ihren Zusammensetzungen und Eigenschaften entsprechende Stampfmassen und Mörtel, die, mit Bindemittel versetzt, z.T. ungebrannt an Ort und Stelle
verwendet werden.

Silkaerzeugnisse sind feuerfeste Erzeugnisse aus Tridymit, Cristobalit
und etwa 10–30 % Schmelzphase neben Resten von noch nicht umge-
wandeltem Quarz. Als Rohstoffe verwendet man Quarzite, unter Umständen mit Zusatz von Sand, als Bindemittel Kalk oder Sulfitablauge.
Das Brennen erfolgt in der Regel in Einzelöfen, um durch längere Brenn-
dauer eine bessere Quarzumwandlung zu erreichen.

Schamotteerzeugnisse sind dadurch gekennzeichnet, daß sie aus
Schamotte (vorgebranntem Ton) und Bindeton mit oder ohne andere
Zusätze hergestellt werden. Der Tonerdegehalt liegt in der Regel zwischen
15 und 45 % und bildet die Grundlage für die Einteilung in handelsüb-
liche Sorten. Im einzelnen werden folgende Gruppen unterschieden:

Quarz-Schamotte-Erzeugnisse, unter Zusatz von freier Kieselsäure
(Sand) hergestellt,
kieselsäurereiche Schamotteerzeugnisse (mit weniger als 32 % Al_2O_3),
tonerdereiche Erzeugnisse (mit mehr als 40 % Al_2O_3) und
Schamotteerzeugnisse mit Korundzusatz (44–55 % Al_2O_3).

Als Rohstoffe dienen feuerfeste plastische Tone, feuerfeste Schiefertone, Roh- und Schlämmkaoline. Falls letztere keinen genügend hohen
Quarzgehalt haben, wird Quarz oder Sand zugesetzt. Bei tonerdereichen
Schamotteerzeugnissen wird der natürliche Tonerdegehalt der Tone
durch Zusatz von kalzinierter Tonerde oder Korund erhöht.

Sillimanit-Mullit-Erzeugnisse sind feuerfeste Erzeugnisse aus Sillimanit, Cyanit, Andalysit, Tonerde, Ton und Bauxit, deren Tonerdegehalt zwischen 55 und 75 % liegt. Sie haben eine gute Temperaturwechselbeständigkeit, gute Schlackenbeständigkeit außer für eisenoxydreiche
Schlacken, und eine gute mechanische Festigkeit bei einer Anwendungs-
grenze von etwa 1600 °C.

Korunderzeugnisse sind hochfeuerfest und werden aus Schmelz-
korund mit 95–99 % Al_2O_3 unter Zusatz von Bauxit, Diaspor und Bindeton hergestellt. Im allgemeinen liegt ihre Porosität zwischen 15 % und
25 %, sie kann aber bei Sintertonerdeerzeugnissen, die bis zur Sinterung
gebrannt werden, und bei schmelzgegossenen Produkten, z.B. Corhart-
steinen, verschwinden.

Forsteriterzeugnisse bestehen überwiegend aus dem Magnesiumortho-
silikat Forsterit, Mg_2SiO_4, mit einem Schmelzpunkt von etwa 1890 °C.
Als Rohstoffe dienen vorwiegend Olivingesteine, es können aber auch
wasserhaltige Magnesiumsilikate, Serpentine oder Talkgesteine verwandt werden. Für die chemische Zusammensetzung werden folgende
Werte angegeben: 47–55 % MgO, 33–39 % SiO_2 und 0–11 % Fe_2O_3.

Dolomiterzeugnisse werden aus Sinterdolomit hergestellt, den man
durch Sintern von Dolomit oder dolomitähnlichen Gesteinen bei 1400

bis 1700 °C erhält. Sie sind beständig gegen basische Schlacken und daher in der Eisen- und Stahlindustrie von Bedeutung.

Magnesiterzeugnisse werden hergestellt aus Sintermagnesit, der meist durch Sintern von natürlichem Rohmagnesit gewonnen wird. Weitere Rohstoffe sind Salzsole der Kaliindustrie, Dolomit und Meerwasser. Aus letztem erhält man Sintermagnesit oder Magnesia durch Ausfällen von Magnesiumhydroxyd in wäßriger Lösung und anschließendes Sintern.

Die Erzeugnisse bestehen hauptsächlich (zu 80–95 %) aus Periklas (MgO) mit einem Schmelzpunkt von 2800 °C und Magnesioferrit ($MgFe_2O_4$), sie sind beständig gegen basische Flußmittel, Metallschmelzen und Kohlenstoff.

Chromithaltige feuerfeste Erzeugnisse lassen sich nach ihrem MgO-Gehalt einteilen in:

Magnesitchromerzeugnisse	mit 55–80 % MgO,
Chrommagnesiterzeugnisse	mit 25–55 % MgO und
Chromiterzeugnisse	mit weniger als 25 % MgO.

Chrommagnesiterzeugnisse, aus Chromerz und Sintermagnesit hergestellt, bestehen aus einem Spinell der allgemeinen Zusammensetzung $(Mg,Fe)(Cr,Fe,Al)_2O_4$. Sie sind um so wertvoller, je höher ihr Gehalt an Chromit ($FeCr_2O_4$) mit einem Schmelzpunkt von 2180 °C ist. Sie sind beständig gegen basische Flußmittel und Metallschmelzen.

Chromiterzeugnisse bestehen aus Chromerz und MgO als Bindemittel. Sie haben eine Grundzusammensetzung von 30–45 % Cr_2O_3, 14–19 % MgO, 10–17 % Fe_2O_3 und 15–33 % Al_2O_3 und sind beständig gegen saure Flußmittel und Metallschmelzen.

Zirkonerzeugnisse werden aus Zirkonsand, $ZrSiO_4$, häufig mit tonerdereichen Rohstoffen zusammen hergestellt. Ihre Brenntemperatur liegt zwischen 1550 und 1750 °C. Bemerkenswert ist ihre Stabilität gegen saure Flußmittel und Metallschmelzen.

Hochfeuerfeste Erzeugnisse aus Oxyden, Karbiden, Siliziden, Boriden, Nitriden, besonders Siliziumkarbid.

Die hochfeuerfesten Sonderbaustoffe lassen sich einteilen in:
Hochfeuerfeste Oxyde porzellanartigen Aussehens,
Stoffe halbmetallischen Charakters, wie Karbide, Silizide,
Kombinationen zwischen metallischen und nichtmetallischen Werkstoffen: Cermets.

Gemeinsam haben sie eine gleichmäßige, feine, meist dichte Textur.

Kohlenstofferzeugnisse werden aus Koks, Anthrazit und Teer als Bindemittel heiß verformt, in Formen gestampft und unter Luftabschluß bei 1300–1400 °C gebrannt. Ihr Kohlenstoffgehalt liegt über 90 %. Sie sind widerstandsfähig gegen Säuren, besonders nach Aufbringen einer Schutzschicht aus Glasur oder eines Siliziumesters. Oberhalb 700 °C werden sie leicht oxydiert.

Cermets. Als Cermets werden Kombinationen von metallischen und nichtmetallischen Werkstoffen bezeichnet. Entweder bestehen sie aus einem Gerüst eines nichtmetallischen Werkstoffes, der mit Metall getränkt ist, dann treten die Eigenschaften des Gerüstes besonders hervor, oder ein nichtmetallischer Werkstoff wird durch ein Metall eingebunden, etwa durch das Sintern eines Gemisches von Oxyd und Metall, dann treten die Eigenschaften des Metalls stärker hervor.

3. Töpfereierzeugnisse

Der Scherben der Töpfereierzeugnisse, auch Hafner- oder Irdenware genannt, ist weich und porös, sie können eine gefärbte oder farblose Bleiglasur tragen. Die Garbrandtemperatur liegt zwischen SK 010a (900 °C) und SK 5a (1180 °C). Als Rohstoffe werden mehr oder weniger eisen- und kalkhaltige Tone, auch kalkhaltiger Tonmergel, der nicht unter SK 010a (900 °C) erweicht, oft mit Sandzusatz, verwandt. Die Porosität liegt bei 6–18%; in Filtern und Diaphragmen kann sie 40% erreichen.

Antike Geschirre haben meist einen sehr weichen porösen Scherben und sind rot, gelb, braun oder schwarz, z.T. tragen sie eine dünne Natriumsilikatglasur.

Irdenware, bes. Kochgeschirr. *Irdenware* im engeren Sinne stellt das Kochgeschirr dar (Bunzlauer Geschirr), wenn es nicht so dicht gebrannt ist, daß es zu Steinzeug zu zählen ist.

Brauntöpfereigeschirr wird mit brauner Lehmglasur versehen und bei SK 2a–4a (1120–1160 °C) im Einbrandverfahren gebrannt, während *Weißtöpfereigeschirr* eine weiße Engobe mit farbloser oder zinngetrübter Bleiglasur erhält. Hier finden kalkarme, sandhaltige Tone Verwendung.

Schmelzware. Zur Schmelzware zählen die Fayencen und Majoliken des Mittelalters und deren Nachahmungen und Weiterentwicklungen heute. Der Scherben trägt meist eine weißdeckende Bleiglasur und farbiges Dekor. Zur Herstellung werden Tone mit einem Kalkgehalt bis 33% verwendet.

Wasserkühler haben weißen, gelben oder roten Scherben, sind feinporig, niemals glasiert und werden aus geschlämmten kalkreichen Tonen hergestellt. Die Feinporigkeit erreicht man durch Zusatz von NaCl und spätere Auslaugung oder durch feinstgemahlene Ausbrennstoffe.

Ofenkacheln. Bei den Ofenkacheln kann man unterscheiden:
Schmelzkacheln mit farbigem Scherben, zinngetrübter Glasur und Malerei, hergestellt aus Rohstoffen mit etwa 5% Fe_2O_3 und 25–35% Kalk.

Schamotte- oder Begußkacheln, hergestellt aus kalkarmem Ton, mit weißer oder farbiger kaolinhaltiger Engobe und farbloser oder farbiger Bleiborglasur.

Altdeutsche Kacheln aus kalkarmem oder kalkhaltigem Ton, mit farbiger, meist dunkler Glasur und Malerei.

4. Steingut

Das Steingut ist charakterisiert durch einen vorwiegend weißbrennenden Scherben mit erdigem Bruch, der härter ist als der Scherben der Töpferwaren. Als Rohstoffe sind zu nennen weiß- bis gelbbrennende plastische Tone mit relativ hohem Al_2O_3-Gehalt, Kaolin, Quarz, Flint,

Feuerstein, Kalkspat, Kreide, Feldspat, Pegmatit, Magnesit, Scherben-
mehl und Schamotte. Die Glasuren sind Bleiglasuren und bleifreie farblose oder farbige Borglasuren. Die Brenntemperaturen liegen zwischen
SK 03a (1040 °C) und SK 8 (1250 °C).

Leichtsteingut. Als Leichtsteingut werden Ton- und Kalksteingut bezeichnet.

Tonsteingut wird als ältestes Steingut heute nur noch zur Herstellung
von Tonzellen, Filterkörpern und Tonpfeifen verwandt.

Beispiel eines Versatzes:

Ton	25–27%
Kaolin	20–38%
Quarzsand	35–55%

Die Garbrandtemperaturen liegen zwischen SK 1a (1100 °C) und
SK 5a (1180 °C), der Biskuitbrand erfolgt bei Temperaturen bis SK 10
(1300 °C) und der Glattbrand bei SK 010a (900 °C) bis SK 1a (1100 °C).
Die Verwendung flußmittelarmer Rohstoffe ermöglicht die relativ hohen
Brenntemperaturen.

Kalksteingut ist dadurch charakterisiert, daß in der Masse nur wenig
oder gar kein Feldspat, sondern statt dessen 5–10% Kalkspat enthalten
ist. Der Schrühbrand erfolgt bei SK 1a (1100 °C) bis 5a (1180 °C), glattgebrannt wird bei etwas tieferen Temperaturen. Die Glasuren werden
von dem kalkhaltigen Scherben gut getragen.

Mischsteingut hat Bedeutung bei der Herstellung von Geschirr und
Wandplatten. Der Schrühbrand erfolgt bei SK 5a (1180 °C) bis SK 6a
(1200 °C), der Glasurbrand etwa 200 °C tiefer.

Hartsteingut. Das *Feldspatsteingut* oder Hartsteingut ist charakterisiert durch seinen Feldspatgehalt, der zwischen 3 und 10% liegt.

Der Schrühbrand erfolgt bei SK 5a (1180 °C) bis SK 10 (1300 °C), der
Glattbrand bei etwa SK 010a (900 °C). Die Wasseraufnahmefähigkeit
liegt zuweilen unter 1%. Mittlere rationelle Zusammensetzung:

Tonsubstanz	40–55%
Quarz	42–55%
Feldspat	3–10%

Feuertonware oder Schamottesteingut ist durch einen starkwandigen
Schamottescherben gekennzeichnet, dessen Oberfläche durch eine Engobe aus Steingutmasse veredelt wird. Hierher gehören größere Artikel
der Sanitärkeramik, in denen der Schamottescherben porös, die Engobe
aber dicht gesintert ist. Darauf befindet sich eine farblose Feldspatglasur.
Gebrannt wird im Einbrandverfahren im Tunnelofen bei SK 8–10 (1250
bis 1300 °C). Mittlere rationelle Zusammensetzung:

Tonsubstanz	48,8%
Quarz	40,25%
Feldspat	10,95%

B. Sintergut

Sintergut ist gekennzeichnet durch einen dichten Scherben, der beim
Steinzeug nicht oder nur an den Kanten transparent und im allgemeinen

nicht weiß ist, Porzellan dagegen hat einen dichten weißen transparenten Scherben. Die Brenntemperatur ist höher als beim Irdengut, und an die Rohstoffe werden höhere Anforderungen gestellt.

1. Steinzeug

Der Scherben des Steinzeugs ist gelbbraun bis graublau gefärbt, je nach der oxydierenden oder reduzierenden Feuerführung. Er ist nicht oder höchstens an den Kanten durchscheinend und wird aus frühsinternden Tonen, Steinzeugtonen, Feldspat und Quarz, Sand und Sinterschamotten hergestellt. Rationelle Zusammensetzung der Steinzeugmasse:

Tonsubstanz	30–70%
Quarz	20–60%
Feldspat	5–25%

Als Glasur dienen Salzglasuren, für deren gute Ausbildung das Verhältnis von Al_2O_3 zu SiO_2 etwa 1 : 1,33–1,7 betragen und die Dicke der Glasur nicht größer als 0,25 mm wegen der sonst auftretenden Haarrisse sein soll.

Grobsteinzeug. Die Verformung erfolgt durch Pressen, Ziehen auf der Strangpresse und durch Einformen in Gipsformen.

Klinkerware kann eingeteilt werden in: Klinker, Kanalisationsrohre, Tröge u.a.

Bei den *Klinkern* sind zu unterscheiden: Keramitziegel und Eisenklinker. *Keramitziegel* sind ungarischen Ursprungs und haben glatte oder gemusterte Oberfläche, gelbgrüne Farbe und tragen keine Glasur. Als Rohstoffe dienen kalkreiche und feuerfeste Tone, die auf der Strangpresse, von Hand oder hydraulisch verformt werden. Der Garbrand erfolgt bei SK 3a–10 (1140–1300 °C). *Eisenziegel* haben einen rotbraunen, blauroten oder schwarzen Scherben und können Salzglasur tragen. Als Rohstoffe dienen kalkreiche und eisenreiche sowie feuerfeste Tone, bzw. Schamotte.

Im allgemeinen werden für Klinker frühsinternde Steinzeugtone mit mittlerer Feuerfestigkeit bei einem Tonerdegehalt von 12–35%, sowie kalk-, magnesit-, magnesiumsilikat-, eisenoxyd- und alkalihaltige Tone verwandt.

Hochbauklinker haben eine Wasseraufnahme von weniger als 5% und eine Druckfestigkeit von etwa 350 kg/cm².

Kanalisationsrohre dienen zum Beseitigen der Abwässer und zum Ableiten von aggressiven Flüssigkeiten in chemischen Betrieben. Sie sind gelb bis rötlich, grau oder schwarz gefärbt, haben Lehm- oder Salzglasur und einen gleichartigen texturfreien Bruch. Sie sind säure- und laugebeständig. Ihre Abmessungen sind in DIN 1203–1206 niedergelegt. Als Rohstoffe sind zu nennen Steinzeugtone, Schamotte, Sand und gemahlener Scherben. Die Formgebung erfolgt halb- oder vollautomatisch, der Brand bei SK 7 (1230 °C) in Tunnel- oder Kammeröfen.

Tröge werden durch Aufspalten der frischgepreßten Rohre in der Längsrichtung und Garnieren der Enden von Hand hergestellt.

Feinsteinzeug. *Fliesen* oder *Fußbodenplatten* oder *Mosaikplatten* werden aus gelbbraun brennenden, leichtsinternden Steinzeugtonen oder Lehm und Schamotte, sowie Zusätzen von Feldspat (z.B. als Pegmatit), oder Hochofenschlacke hergestellt. In dem Normblatt DIN 18154 ist eine eindeutige Begriffsbestimmung für die Bezeichnung Fliese enthalten. Danach sind Fliesen keramische Bauteile für Wand- und Bodenbeläge, die nach den in der feinkeramischen Industrie üblichen Arbeitsverfahren aus Ton, Kaolin, Sand u.a. mineralischen Rohstoffen aufbereitet, unter hohem Druck in Stahlformen gepreßt, und bei Temperaturen über 900 °C gebrannt werden.

Oft erhalten die Platten auf der Schaufläche eine Oberschicht aus eingefärbten Massen. Die Verformung erfolgt auf hydraulischen Pressen bei einem Druck von etwa 200–250 Atm/cm². Gebrannt wird im Tunnelofen bei SK 8–9 (1250–1280 °C).

Chemisch-technisches Steinzeug oder *säurefestes Steinzeug* hat einen dichten, homogenen Scherben von heller Farbe. Die Verformung der Masse erfolgt durch Einformen, durch Ziehen auf der Strangpresse, freidrehend, durch Stanzen oder ganz von Hand. Durch Zusatz von 20 bis 25% Feldspat, Bariumoxyd und Korund wird ein besonders alkalibeständiges Steinzeug erhalten.

Säurefeste Steine werden aus starkgebrannten, porzellanartigen Massen mit Feldspatglasur hergestellt, die Farbe ist hellgrau oder weiß, der Bruch muschelig.

Typische rationelle Zusammensetzung:

Tonsubstanz	25–50%
Quarz	30–45%
Feldspat	20–30%

Gebrauchs- und Ziergefäße haben einen gelblichen bis weißen oder grauen Scherben mit muscheligem Bruch. Ihre Oberfläche kann Ornamente tragen. Als Glasuren kommen Lehm-, Salzglasuren und fast alle Techniken des Weißporzellans sowie Lauf- und Kristallglasuren vor. Als Rohstoffe werden leicht sinternde, weiß oder hellgrau brennende Steinzeugtone, Sand und zuweilen Feldspat verwandt. Der Garbrand erfolgt bei SK 4a–6a (1160–1200 °C).

Isolatoren oder **Elektro-Steinzeug.** Elektro-Steinzeugmassen sind gegenüber Porzellanisolatormassen durch eine höhere Plastizität ausgezeichnet, die eine bessere Verformbarkeit und größere Verformungsmöglichkeiten zur Folge hat. Außer den üblichen Rohstoffen wird Scherbenbruch, künstlicher Korund, Feldspat oder feldspatreiche Gesteine, wie Trachyt, Porphyr, Pechstein, Phonolith u.ä. zugesetzt. Die Verformung erfolgt von Hand, in Gipsformen, durch Pressen und Stanzen.

Vitreous China. Das Ursprungsland von Vitreous China oder Porzellangut ist Nordamerika. In der Hauptsache wird daraus Geschirr und Sanitärkeramik hergestellt. Rohstoffe sind Feldspat, Feldspatsand, weiß brennende Steingut- und Steinzeugtone, Quarz, Kaolin, Kalkspat und Dolomit. Die rationelle Zusammensetzung ist etwa:

Tonsubstanz	40–50%
Quarz	20–30%

Feldspat   20–30%
Kalkspat   0– 3%

Die Glasuren entsprechen denen des Steinguts, es kommen alle Techniken des Weißporzellans vor. Beim hier üblichen Einbrandverfahren wird bei SK 7–9 (1230–1280 °C) gebrannt.

Wedgwoodware. Das sog. Wedgwoodgeschirr wird entweder gänzlich ohne Glasur hergestellt oder bei Hohlgeschirren nur auf der Innenfläche glasiert. Es ist gekennzeichnet durch eingefärbte Massen und hat daher einen farbigen getönten Scherben mit geringer Transparenz, es bildet den Übergang zum Biskuitporzellan. Hergestellt wird es aus bildsamem Ton und Kaolin unter Zusatz von Feuerstein, Gips, Schwerspat, Corneshstone und z. T. Knochenasche. Der BaO-Gehalt kann bis 41 % betragen.

2. Porzellan

Porzellan ist charakterisiert durch einen weißen, transparenten, dichten Scherben und wird aus Kaolin, Feldspat und Quarz hergestellt. Im wesentlichen unterscheidet man zwei Arten: Weichporzellan und Hartporzellan.

Weichporzellane sind durch ein früheres Erweichen im Brand und einen geringeren, unter 40 % liegenden Tonsubstanzgehalt bei viel Flußmitteln ausgezeichnet, sie werden glattgebrannt bei SK 8–10 (1250–1300 °C). Da sie für Gebrauchsporzellan im allgemeinen zu empfindlich und zu wenig widerstandsfähig sind, werden sie auch als Luxusporzellane bezeichnet. Hierher gehört das Frittenporzellan, z.B. das Porzellan Sèvres, das Knochenporzellan englischen Ursprungs, das Segerporzellan, sowie das Parian- und Biskuitporzellan.

Frittenporzellan stellt ein Übergangsprodukt zwischen Porzellan und einem kalkreichen Glase dar. Hergestellt wird es aus einer alkalireichen Fritte, aus Salpeter, NaCl, Alaun, Soda, Quarz und Sand, unter Zusatz von geschlämmtem Kalkmergel, Kreide ohne plastische Porzellanerde. Der Frittegehalt geht bis etwa 80 %. Da die Massen nicht plastisch sind, müssen organische Bindemittel vor der Verformung zugesetzt werden. Die Verformung ist daher schwierig und erfolgt durch Gießen und Drehen, geringe Wandstärken wurden früher durch Abdrehen im ledertrockenen Zustand erhalten. Rohgebrannt wird bei SK 1a–4a (1100 bis 1160 °C), nach anderer Angabe bei etwa SK 8–9 (1250–1280 °C). Aus Frittenporzellan werden u. a. Porzellanknöpfe und Porzellanzähne (Dentalkeramik) hergestellt.

Knochenporzellan ist eine fast ausschließlich englische Spezialität, die bezüglich der Rohstoffe und der Formgebung nahe mit dem Hartsteingut, bzw. dem Feldspatsteingut, verwandt ist. Als Rohstoffe sind zu nennen blue clay, cornishstone, Flint, Biskuitscherben und oxydierend gebrannte Knochen oder Apatit. Die Formgebung erfolgt fast ausschließlich in Gipsformen. Gebrannt wird bei SK 5a–10 (1180–1300 °C) (Biskuitbrand), Glasurbrand bei tieferen Temperaturen (SK 010 a–1 a, 900 bis 1100 °C). Der reinweiße Scherben ist transparent. Als Glasuren werden Alkali-, Bleibor- und Borglasuren mit reicher Dekormöglichkeit, aber geringer Widerstandfähigkeit gegen chemische Einflüsse verwendet. Es wird vielfach zu Gebrauchsgeschirr verarbeitet.

Segerporzellan, „das deutsche Weichporzellan", ist in seiner Art dem japanischen Porzellan ähnlich. Es unterscheidet sich vom Hartporzellan durch seinen größeren Flußmittelgehalt. Rationelle Zusammensetzung etwa:

Tonsubstanz	25%
Quarz	45%
Feldspat	30%

Gebrannt wird es bei SK 8–10 (1250–1300 °C).

Mit Parian- oder Biskuitporzellan werden Plastiken und kunstgewerbliche Gegenstände aus Weichporzellanmassen bezeichnet. Sie sind meist unglasiert und haben eine z.B. durch Ätzen mit Flußsäure künstlich mattierte Oberfläche.

Hartporzellan (echtes oder Feldspatporzellan) wird aus den Rohstoffen Kaolin, Quarz und Feldspat hergestellt, denen zur Erhöhung der Transparenz in geringen Mengen Dolomit, Kalkspat oder ähnliche Flußmittel zugesetzt werden. Zur Weißfärbung wird gelegentlich auch Zinkweiß verwandt. Der Kaolin muß sehr rein, gut bildsam und von weißer Brennfarbe sein. Die typische Zusammensetzung ist:

Tonsubstanz	50%
Quarz	25%
Feldspat	25%

Die Glasur hat im wesentlichen die gleiche Zusammensetzung wie der Scherben bei geringem Tonsubstanzgehalt. Es werden feldspathaltige, kalk- und dolomithaltige Glasuren unterschieden.

Die Formgebung erfolgt in Gipsformen durch Eindrehen, Überdrehen, durch Gießen und durch Einformen. Der Biskuit- oder Schrühbrand erfolgt bei SK 10 (1300 °C) etwa, der anschließende Glattbrand je nach der Art der aufgebrachten Dekore bei höherer Temperatur bis SK 18 (1500 °C) oder bei wesentlich tieferen Temperaturen (etwa 700–800 °C), wenn sog. Schmelzfarben mit sehr großem Dekorreichtum aufgebracht werden. Weißware wird in der Regel zweimal bei SK 10 (1300 °C) (Biskuitbrand) und SK 14–18 (1410–1500 °C) (Glasurbrand) gebrannt, Farben werden in einem dritten Brand eingebrannt. Die Dekors werden bei Hartporzellan erhalten durch Unterglasur- und Aufglasurfarben.

Chemisch-technisches Porzellan entspricht dem Hartporzellan mit einer Feldspatglasur. Außer den bei Hartporzellan genannten Rohstoffen kann auch Aluminiumoxyd, Schieferton und leichtsinternder Ton verwendet werden. Der Scherben wird dichtgebrannt bei Temperaturen bis SK 20 (1530 °C).

Elektro-Porzellan. Nach DIN 40685 muß der Scherben aus tonsubstanzhaltigen Massen dichtgebrannt sein und gute mechanische, elektrische und thermische Eigenschaften haben. Die Formgebung erfolgt durch Gießen, Verformen in der Strangpresse und Drehen. Eine weitere Verarbeitung erfolgt nach dem Trocknen oder auch nach dem Verglühen. Aus Hartporzellan werden Hoch- und Niederspannungsisolatoren und -isolierteile, auch großer Abmessungen hergestellt.

C. Elektrotechnische und hochfeuerfeste Spezialitäten

Hier sollen einige besondere Werkstoffe aufgeführt werden, die z.T. durch keramische Verfahren aus plastischen oder unplastischen natürlichen Rohstoffen oder synthetischen Oxyden hergestellt werden und für besondere Verwendungszwecke vorwiegend in der Elektrotechnik und als hochfeuerfeste Materialien Bedeutung haben. Sie sind durch einen meist dichten, in der Regel schwach gefärbten Scherben ausgezeichnet.

Steatit ist ein keramischer Isolierstoff, der aus Magnesiumsilikaten besteht, die aus Talk- oder Speckstein hergestellt werden. Die Formgebung erfolgt entweder durch direktes Schneiden oder Drechseln aus dem Naturstein oder durch trockenes Pressen des gepulverten Rohstoffes in entsprechenden Matrizen. Die Schwindung beim Brennen ist außerordentlich klein, sie beträgt beim Brennen bis 900 °C 1–2%, die Steatiterzeugnisse zeichnen sich daher durch eine große Maßhaltigkeit aus. Die Zusammensetzung einer Steatitmasse ist etwa

Speckstein	80–85%
fetter Ton	5–15%
Feldspat	– 5%

Solche Steatitmassen haben einen geringen Wassergehalt und eine Schwindung von 7–10%. Bei feuchter Aufbereitung und Verformung der Masse im plastischen Zustand beträgt die Schwindung 16–20%. Die Brenntemperatur liegt bei etwa 1380–1410 °C.

Titanate werden als Kondensatorbaustoffe wegen ihrer gegenüber Steatit und Porzellan sehr niedrigen dielektrischen Verluste verwendet.

Als Rohstoff dient Ilmenit, der beim Brennen bei 915 °C in Rutil übergeht.

Fe_3O_4. Synthetische Ferrite werden verwendet, um die Verluste zu vermeiden, welche bei hohen Frequenzen in den gebräuchlichen Ferromagneten auftreten. Ihre Verarbeitung gehört in das Gebiet der sog. Schwarzkeramik. Die feingemahlenen Oxyde werden vorgesintert, gemahlen und mit Klebern verpreßt und bei sorgfältig eingestellter Gasatmosphäre gesintert.

VI. Die Lagerstätten der keramischen Rohstoffe

Die Rohstoffe der Keramik gehören vorwiegend zu den natürlichen Gesteinen und können nach ihrer keramischen Verwendung eingeteilt werden in plastische und nichtplastische Rohstoffe. Zu den plastischen Rohstoffen gehören die Tone und Kaoline, sie sind die Träger der Formbarkeit der keramischen Massen. Unter den nichtplastischen Rohstoffen sind in erster Linie zu nennen Feldspat und Quarz und andere Magerungsmittel. Es werden zunächst die plastischen Rohstoffe, die die wichtigsten und charakteristischen Grundstoffe der Keramik darstellen, besprochen.

Petrographisch gehören sie zu den Sedimentgesteinen, und zwar zu den *klastischen Sedimenten*, die nach ihrer Korngröße und ihrem Mineralbestand eingeteilt und charakterisiert werden (vgl. S. 16).

A. Die Pelite oder Tongesteine

Für die Keramik, insbesondere die Feinkeramik spielen, wie erwähnt, die feinkörnigen Sedimente der Tongesteine eine überragende Rolle. Sie sollen im folgenden zunächst beschrieben werden, wobei die Betrachtung nach geologisch-geographischen Gesichtspunkten erfolgt.

Bei den Tongesteinen haben wir nach dem Vorschlag von RIEKE zu unterscheiden zwischen Kaolinen und Tonen. RIEKE bezeichnet mit *Kaolinen* oder Rohkaolinen diejenigen Verwitterungs- oder Umwandlungsprodukte, die auf ihrer primären Lagerstätte, d.h. am Ort ihrer Entstehung, liegengeblieben sind. Sie enthalten daher noch in oft beträchtlicher Menge unzersetzte Minerale des Muttergesteins (Quarz, Feldspat, Glimmer) und lassen oft auch noch seine Struktur erkennen.

Davon sind diejenigen Tongesteine zu unterscheiden, die nach der Umwandlung umgelagert wurden, wobei eine weitgehende Reinigung und Ausschlämmung des feinsten Materials und damit eine Anreicherung der wichtigen Tonminerale erfolgt ist. Diese *Tone* enthalten im allgemeinen relativ wenig grobe Bestandteile und sind fast immer auf sekundärer Lagerstätte zu finden, d.h. nach ihrer Entstehung transportiert und wieder abgelagert.

Das Hauptmineral der Tone ist der *Kaolinit* mit der Zusammensetzung $Al_2(OH)_4Si_2O_5$, oder oxydisch geschrieben $Al_2O_3 \cdot 2\,SiO_2 \cdot 2\,H_2O$.

Die Kaoline und Tone sind vorwiegend durch Verwitterung oder Zersetzung feldspathaltiger Gesteine entstanden. Über die Verwitterung und Bildung von Kaolinit ist kurz auf S. 11 ff gesprochen worden. Bei der Verwitterung erfolgt die Umwandlung unter normalen Bedingungen durch die Atmosphärilien, man spricht dann von exogener Entstehung. Die Umwandlung kann aber auch bei höheren Temperaturen und erhöhtem Druck unter hydrothermalen Bedingungen erfolgen, d.h. endogen.

Eine sichere genetische Unterscheidung in exogene und endogene Kaoline läßt sich nicht immer durchführen, es finden sich hier oft Gesteine, die sowohl durch hydrothermale Kräfte, also endogen, als auch als Folge der Verwitterung (exogen) entstanden sind, in enger Nachbarschaft.

1. Die Kaolinlagerstätten

a) Der Kaolin von Aue in Sachsen

Der bekannteste Kaolin endogener Entstehung ist der Kaolin von Aue in Sachsen, mit dem es BÖTTGER im Jahre 1709 gelungen ist, das erste europäische Hartporzellan herzustellen.

Das Lager wurde im Jahre 1700 von VEIT SCHNORR in Schneeberg beim Abbau von Eisenstein entdeckt, und der Kaolin wurde zunächst von ihm als Zuschlag für Kobaltglas in seinem Blaufarbenwerk Niederpfannenstiel verwendet. Im Jahre 1709 erfolgte eine Lieferung an BÖTTGER nach Meißen, und SCHNORR erhielt das ausschließliche Privileg zum Weißerdeabbau. Später, im Jahre 1730 wurde dann jede Lieferung von Weißerde an das Blaufarbenwerk verboten, und die Weißerde durfte nur noch an die Porzellanmanufaktur Meißen geliefert werden. Bis zum Jahre 1855, also nach etwa 150 Jahren, als der Bergbau auf der Weißerdezeche St. Andreas zum Erliegen kam, wurden jährlich etwa 2000 Zentner Kaolin an die Meißener Porzellanmanufaktur geliefert.

Die Kaolingrube lag etwa 1,5 km im Südosten von Aue. Abb. 54 zeigt ein Profil der Lagerstätte. Ein kleiner Biotit-Granit-Stock war im Oberkarbon zur Zeit der variscischen Gebirgsbildung aufgedrungen und hat wahrscheinlich die Hüllschiefer zu Andalusitphyllit metamorphosiert. An den Grenzen des Granites ziehen sich als spätere mesozoische Vererzung während der salischen Phase Roteisensteingänge hin, die seit etwa 1700 abgebaut wurden.

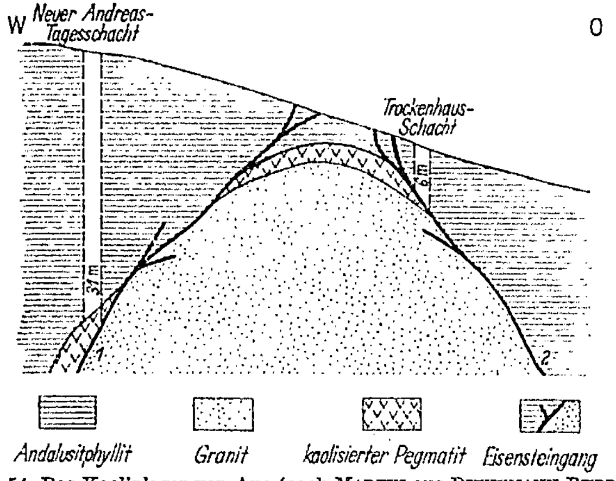

Abb. 54. Das Kaolinlager von Aue (nach MARTIN aus DIENEMANN-BURRE)

Das Kaolinlager war an der Kuppe 4 m mächtig und durch eine etwa 30 cm dicke Zwischenlage von zersetztem feinkörnigem Granit in zwei Lagen geteilt. Hier ist der Kaolin aus einem grobkristallinen Feldspat-Quarz-Pegmatit entstanden, wahrscheinlich haben die niedrig temperierten hydrothermalen Roteisensteingänge, die neben Roteisen auch reichlich Quarz führen, durch ihre wäßrigen Lösungen auf die Feldspäte eingewirkt und die Kaolinbildung hervorgerufen. In der Nähe der Eisensteingänge ist der normale Granit häufig zu Grus zersetzt, und waagerecht verlaufende Feldspatpegmatite an der oberen Grenze des Granites zum umgebenden Gestein sind, wenn keine Roteisen- oder Quarzgänge in der Nähe auftreten, nicht kaolinisiert. Wir haben es also ohne Zweifel mit einer metasomatischen Veränderung der Feldspäte zu tun.

Der Kaolin war durch Quarz, Roteisen und Biotit etwas verunreinigt und mußte daher vor dem Transport nach Meißen geschlämmt werden. STUTZER gibt folgende Analyse der Manufaktur Meißen für den verarbeiteten Kaolin an:

SiO_2	48,98 %
Al_2O_3	37,01 %
TiO_2	0,03 %
Fe_2O_3	0,71 %
CaO	0,24 %
MgO	0,21 %
K_2O	0,00 %
Glühverlust	12,50 %
	99,68 %

b) Der Kaolin von Zettlitz

Der Zettlitzer Kaolin ist bekannt als Standardkaolin in der Porzellanindustrie. Die Lagerstätte findet sich in der Umgebung von Karlsbad im Nordwesten des böhmischen Braunkohlenbeckens. Das Muttergestein bilden zwei Granittypen, der Hirschensprunggranit und der Kreuzberggranit, von denen der erste große Feldspatkristalle enthält.

Die Kaolinisierung wird in Zusammenhang gebracht mit vulkanischen Ausbrüchen im späteren Tertiär, Ausbrüche von Basalten, Phonolithen und Trachyten, mit denen Tiefenwässer an die Erdoberfläche stiegen und zu der Kaolinisierung führten. So soll die Bildung des 6 km² großen Karlsbader Kaolingebietes im Liegenden des oberoligozänen Josefiflözes der Braunkohle verursacht worden sein.

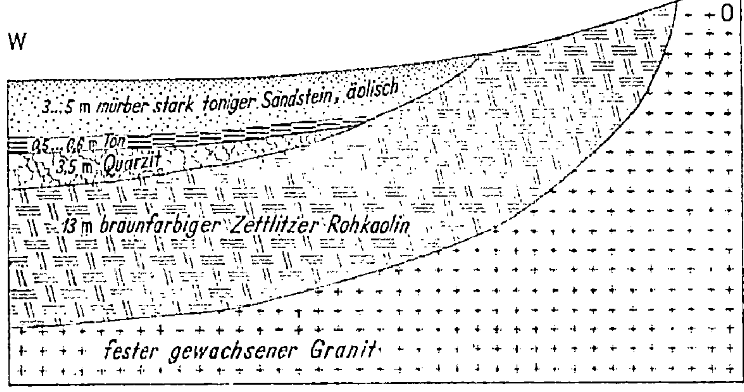

Abb. 55. Profil des Zettlitzer Tagebaues westlich von Zettlitz (1944) (nach MICHLER)

In einer neueren Arbeit geht MICHLER (1959) auf die Entstehung der Kaolin- und Tonvorkommen im Karlsbader Bergbaugebiet näher ein und kommt ebenfalls zu dem Schluß, daß wir für die Kaolinisierung des Feldspates eine hydrothermale Metasomatose, also endogene Kräfte annehmen müssen (vgl. Abb. 55). Auf das feldspathaltige Gestein, den Granit, wirkten Kohlensäure und eine gewisse Temperaturerhöhung ein, beide vulkanischen Ursprungs, während das für die Kaolinisierung und zum Abtransport der Alkalien und der überschüssigen Kieselsäure notwendige Wasser von der Oberfläche gekommen sein soll. Wir haben es also mit einem Kaolin zu tun, der offenbar sowohl durch endogene als auch durch exogene Kräfte entstanden ist. Für ein Mitwirken des Oberflächenwassers spricht auch die Tatsache, daß die Kaolinisierung nicht durch Spalten oder von unten nach oben erfolgte, sondern nur eine relativ geringe Tiefe erreichte und nach unten hin deutlich schwächer wird. An Spalten kann die Kaolinisierung allerdings bis in größere Teufen verfolgt werden.

Der *Rohkaolin* enthält in den oberen Lagen 20–30% Feingut, nach der Teufe zu wird aber der Anteil an Feinem geringer, und allmählich geht er in mehr oder weniger festes Gestein über. Die Mächtigkeit des bauwürdigen Kaolins beträgt im Mittel 15 m und erreicht an Störungen etwa 20 m. An einer Spalte konnte der Kaolin aber noch bis 50 m Teufe erbohrt werden.

In den Kaolinlagern von Zettlitz unterscheidet man eine „weiße" und eine „braune Erde", deren Verfärbung durch adsorbierte Bitumina hervorgerufen ist. Für die *Verarbeitung* dieser Roherden sind ihre physikalischen Eigenschaften maßgebend. So wurde der frühere bekannte Standardkaolin mit einer praktisch gleichbleibenden mittleren Teilchengröße von 4 μm in der Weise gewonnen, daß die westlich von Zettlitz im Tagebau geförderte bildsamere Roherde im sog. Schlüsselversatz mit grobkörnigeren Rohkaolinen in einem ganz bestimmten Verhältnis vermengt wurde. Diese gröberen Rohkaoline wurden weiter östlich im Tiefbau gewonnen. Aus diesem Gemenge bereitete man auf chemischem Wege unter Sodazusatz den Standardkaolin auf.

Die Zusammensetzung des Zettlitzer Kaolins und des in der Nähe gewonnenen Chodauer Osmosekaolins, der durch Elektrophorese besonders gereinigt wird, ist in Tab. 29 (S. 104 f.) angegeben.

c) Die Kaoline der bayrischen Oberpfalz

In Bayern finden sich ausgedehnte Kaolinlagerstätten. In früheren Zeiten hatten diejenigen des Fichtelgebirges in der Gegend von Thiersheim große wirtschaftliche Bedeutung, heute sind sie jedoch fast abgebaut. Hier ist der Granit an den Berührungsflächen von Basalten und Basalttuffen, von denen er überlagert wird, vielfach kaolinisiert worden.

Die kristallinen Schiefer der Oberpfalz werden von zahlreichen aplitischen feinkörnigen Granitgängen durchsetzt, welche z.T. bis in große Tiefen hinab kaolinisiert sind. Diese Kaolingänge werden aber nicht abgebaut, sie sind von untergeordneter Bedeutung.

Ausgedehntere Kaolinvorkommen der Oberpfalz, die eine wirtschaftliche Bedeutung haben, finden sich in der Gegend von Tirschenreuth, Wiesau und Großensterz in dem sog. Naab-Wondreb-Becken. Das Muttergestein dieser Kaoline ist ein grobkörniger Zweiglimmergranit. Seine Struktur ist im Kaolin noch deutlich zu erkennen. Der kaolinisierte Granit wird als Rohpegmatit bezeichnet, kommt aber nur wenig als solcher in den Handel. In der Hauptsache wird er geschlämmt und als sog. Tirschenreuther Pegmatit vertrieben. Der aus dem Rohpegmatit ausgeschlämmte Kaolin, der für die Feinkeramik nicht plastisch genug ist, wird in der Papierfabrikation verwandt. Einen wichtigen Rohstoff der Feinkeramik bildet aber der feldspatreiche Anteil des Gesteins, der als Tirschenreuther Pegmatit in der Porzellanindustrie bekannt ist. Durch diesen Rohstoff wird Feldspat, Quarz und etwas Kaolin in den Versatz eingeführt.

Die Kaolinlager von Hirschau und Schnaittenbach. Das wichtigste Kaolinlager der bayrischen Oberpfalz findet sich am Nordrand des Naabgebirges in der Hirschau-Schnaittenbacher Senke, nordöstlich von Amberg (Abb. 56). Dieses Vorkommen erstreckt sich in einer Länge von mehr als 10 km und einer Breite bis zu 1 km mit einer durchschnittlichen

Mächtigkeit von 45 m in nahezu ostwestlicher Richtung. Neue Bohrungen ergaben stellenweise sogar Mächtigkeiten bis zu 90 m. Der hier gewonnene Rohstoff, in erster Linie Kaolin, daneben aber auch Feldspat und Quarz, hat für die keramische Industrie eine große Bedeutung.

Hier ist eine Folge mesozoischer Schichten dem Naabgebirge angelagert, die nach NNW einfällt, wobei die ältesten Schichten, die dem

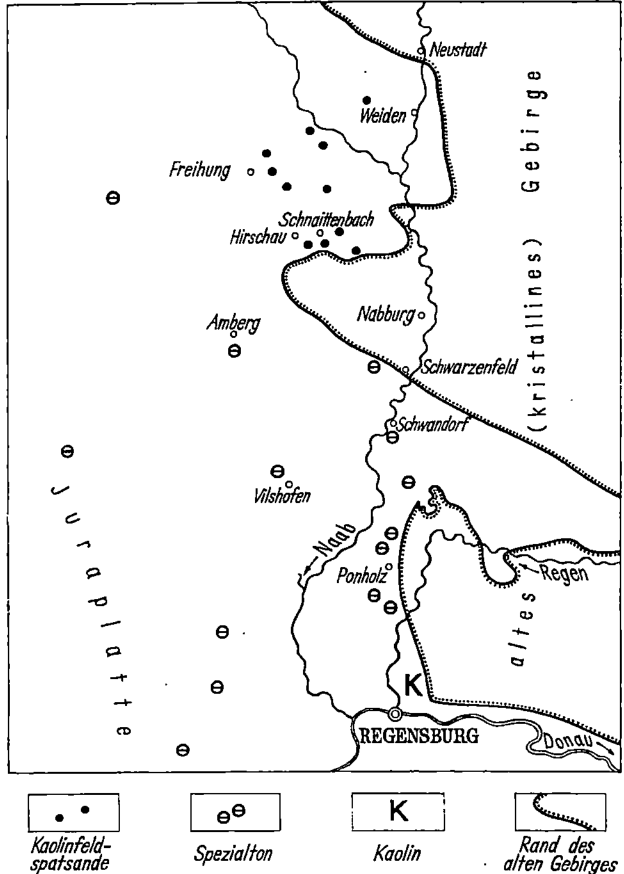

Abb. 56. Kaolin- und Tonlagerstätten in der Oberpfalz (nach ASHAUER)

Buntsandstein angehören, im Süden bei Hirschau und Schnaittenbach, die jüngsten Schichten, Keuper und Obere Kreide, nordwärts gegen Freihung zutage treten. Abb. 57 zeigt eine Lageskizze der Hirschau-Schnaittenbacher Senke.

Im mittleren Buntsandstein befinden sich die wertvollen Kaolin-Feldspatsande von Hirschau und Schnaittenbach, im Gebiet weiter nördlich liegen tektonisch hochgehobene Schollen des gleichen geologischen Horizontes mit den kleineren Vorkommen von Freihung und Kaltenbrunn-Steinfels. Diese feldspathaltigen Sande sind unter Erhaltung ihres

Gefüges mehr oder weniger kaolinisiert und gehen nach der Teufe in nicht-
kaolinisierte Schichten über. Die Kaolinisierung erfolgte also von oben,

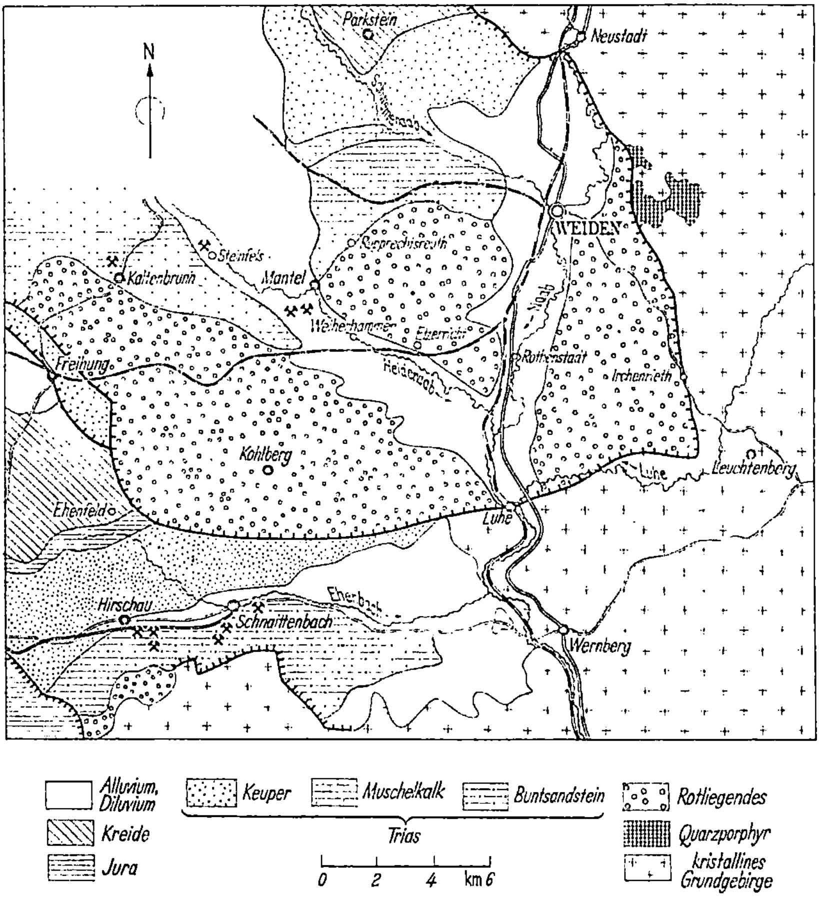

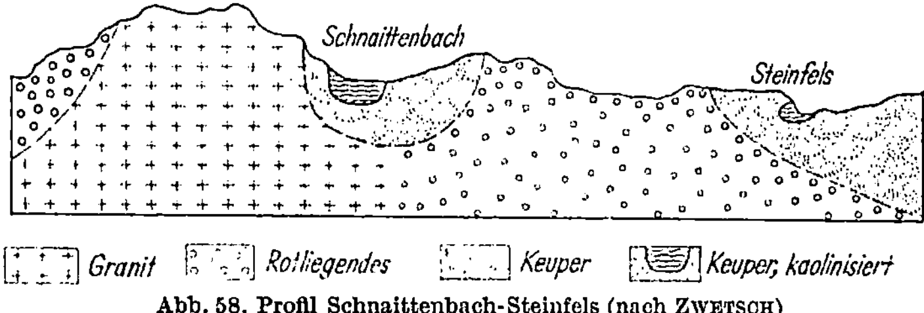

Abb. 57. Lageskizze der Hirschau-Schnaittenbacher Senke. Kaolinsande bei Hirschau, Schnaittenbach, Freihung und Steinfels-Kemnath. Bleisandstein bei Freihung (vereinfacht, nach Strunz)

Abb. 58. Profil Schnaittenbach-Steinfels (nach Zwetsch)

und zwar im älteren Tertiär, als ein sehr feuchtes Klima geherrscht
haben dürfte. In Mulden und Senken bildeten sich Moore und Ansamm-
lungen von Pflanzenresten, unter denen die Kaolinisierung vor sich gehen

konnte. Wegen späterer Hebungen und darauf folgender Abtragung sind heute nur noch die letzten Reste des Untergrundes erhalten, so daß oft das unzersetzte Gestein ansteht.

Die Kaoline finden sich daher nur noch an den Stellen, wo die Kaolinisierung besonders tief gegangen ist. Hierfür sind die Keuperschichten besonders günstig; wo sie alte Talrinnen im Granit oder im Rotliegenden ausfüllten, sind sie erhalten geblieben, so daß der Eindruck von tektonischen Gräben entsteht. Daraus erkärt sich auch die regellose Anordnung der Lager und der verschiedene Grad der Kaolinisierung (Abb. 58).

Die Kaolinlagerstätte von Schnaittenbach ist ohne Zweifel exogener Natur, d.h. durch Kräfte von außen, durch Verwitterung und Einwirkung von Oberflächenwässern entstanden, während an der Bruchzone von Freihung auch endogene Kräfte angenommen werden müssen. Denn die dortigen Lager und die Lager bei Kaltenbrunn und Steinfels sind schwach bleihaltig. Dies muß auf die Wirkung bleihaltiger Säuerlinge zurückgeführt werden, die auf Spalten im Anschluß an Basalterup-

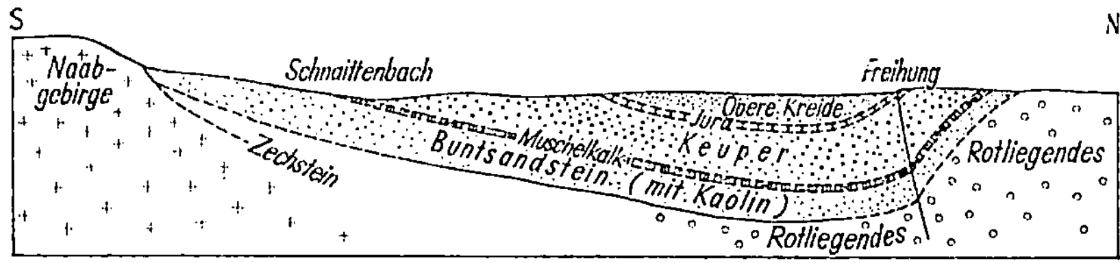

Abb. 59. Schematisches Profil durch die Hirschau-Schnaittenbacher Senke und die Freihunger Störung (überhöht) (nach STRUNZ)

tionen aufgestiegen sind und deren Kohlensäuregehalt wohl für die Kaolinisierung entscheidend war (Abb. 59).

Die kaolinisierten Sandsteine sind relativ grobkörnige, feldspathaltige Sande, also Arkosen. Sie sind in einem ariden Klima durch Verwitterung des kristallinen Grundgebirges im Südosten, des Naab-Granits, entstanden und nach einem kurzen fluviatilen Transport hier abgelagert worden. Daher ist der Abrollungsgrad der Einzelkörner gering und nimmt von Süden nach Norden zu. Auch die Korngröße dieser Sande wird in der Transportrichtung nach NNW geringer. In einer eingehenden mineralogischen und sedimentpetrographischen Untersuchung an Bohrungen, die bei Schnaittenbach niedergebracht wurden, gibt SALGER 1958 eine Bestätigung der früher öfter angezweifelten exogenen Entstehung dieser Lagerstätte. Er stellt fest, daß die Kaolinisierung nicht an Bleichung gebunden ist und nur teilweise in situ erfolgte. Ein Teil des Kaolins ist schon während des Transports oder auch auf der primären Lagerstätte entstanden und hier sedimentiert worden. Bemerkenswert aus diesen Untersuchungen ist, daß nicht nur der Feldspat, sondern auch Muskovit kaolinisiert wurde; das zeigen Pseudomorphosen von Kaolinit nach Feldspat und nach Muskovit. SALGER war in der Lage, verschieden stark kaolinisierte Mukovitblättchen abzubilden.

Die Kaolinlagerstätte von Hirschau-Schnaittenbach zählt zu den bedeutendsten in Bayern. Es soll daher noch einiges über die Geschichte und den Abbau mitgeteilt werden. Kaolin wird in Schnaittenbach seit 130 Jahren gewonnen. Im Jahre 1833 errichtete Eduard Daniel Christoph KICK eine einfache Kaolinschlämme, indem er den Rohkaolin einfach in einem Wasserbottich rührte. Der so gewonnene reine Kaolin wurde zunächst an eine Steingutfabrik in Eichstätt geliefert. Bald wurde das Unternehmen größer, und der Kaolin von Schnaittenbach nahm seinen Weg in viele Verbraucherbetriebe in Süddeutschland und Österreich. Später errichteten auch andere Unternehmer Schlämmfabriken, und heute wird die Lagerstätte von drei großen Betrieben ausgebeutet: von der Fa. Eduard Kick, Kaolin- und Quarzsandwerke, Schnaittenbach, von der Fa. Gebrüder Dorfner, Kaolin- und Kristallquarzsandwerke, Hirschau und von der Fa. Amberger Kaolinwerke GmbH, Hirschau. In diesen Betrieben waren 1956 1354 Arbeiter und Angestellte beschäftigt. Die Aufbereitungsanlagen sind aufs Modernste eingerichtet, mit ihrer Hilfe wurden 1956 monatlich gewonnen 17750 t Kaolin, 7000 t Feldspat und 56750 t Quarzsand. Die Lieferung erfolgt in alle westeuropäischen Länder, teilweise auch nach Übersee.

Der Kaolin von Schnaittenbach und Hirschau findet Verwendung in der Papier-, Farb- und chemischen Industrie und in steigendem Maße auch in der Keramik, der Feldspat geht vorwiegend in die Keramik und in die Glasindustrie, während der Quarz als Formsand verwendet wird und an die Glas- und keramische Industrie geliefert wird. Unter anderem findet er auch Verwendung als Putzmittel.

Es ist bezeichnend, daß in dieser Lagerstätte der Gehalt an Feldspat, der noch nicht vollständig kaolinisiert ist, von Westen nach Osten abnimmt, d. h., in Hirschau ist der Feldspatgehalt höher als in Schnaittenbach, daher können auch die Hirschauer Betriebe als wichtigstes Produkt keramischen Feldspat gewinnen. In Schnaittenbach dagegen ist der Feldspatgehalt so gering, daß nur Kaolin und Quarz gewonnen wird.

Abb. 60. Kaolingrube Eduard Kick in Schnaittenbach

Abb. 61. Sogenannter „Trichter-Abbau" in der Grube
Die einzelnen Roherdepartien werden mittels Preßlufthämmern abgelöst und innerhalb der Bretter-
verschläge aufgefangen. Von dort werden sie in Kipploren verladen

Abb. 60 gibt eine Ansicht der Kaolingrube Eduard Kick in Schnaittenbach. Der Abbau erfolgt wie auch in Hirschau im Tagebau. Als be-

sondere Abbauart ist der
sog. Trichterabbau zu er-
wähnen. Hierbei werden
einzelne Roherdepartien
mittels   Preßlufthäm-
mern abgelöst und inner-
halb   von   Bretterver-
schlägen   aufgefangen
(Abb. 61, 62). Von diesen
Trichtern wird das Ma-
terial dann in Kipploren
zu der weiteren Aufbe-
reitung abtransportiert.

Abb. 63 zeigt einen
solchen   Abbautrichter
in der Nähe.

Abb. 62
Blick in einen Abbautrichter

7*

Die Zusammensetzung von Kaolinen aus dem Hirschau-Schnaitten-bacher Becken, von Schnaittenbach, Hirschau und Amberg findet sich in Tab. 29. Diese Kaoline enthalten einen ideal kritallisierten Kaolinit, der

Abb. 63. „Abbautrichter" von der Nähe gesehen
Oben der Bergmann, der mittels Preßlufthammer das Gestein löst; unten die Auffangbretterwand
mit Abzugsvorrichtung

in relativ großen gut ausgebildeten Kristallen vorliegt (vgl. Abb. 6, 7, 35) und ein scharfes Röntgeninterferenzbild liefert (vgl. Abb. 11, Tab. 11).

d) Die Kaoline in Mitteldeutschland

Die größten und reichsten Kaolinlager Deutschlands finden sich in Mitteldeutschland, und zwar in Sachsen. Nach Art der Lagerstätten und des Ursprungsgesteins teilte sie STAHL (zitiert nach DIENEMANN-BURRE) in sieben Gruppen ein.

1. Kaolinlager im nordsächsischen Porphyrgebiet.
2. Kaolinlager im sächsischen Granulitgebiet.
3. Kaolinlager im Meißener Gebirgsmassiv.
4. Kaolinlager im Granitgebiet der nordsächsischen Lausitz.
5. Kaolinlager im Granitgebiet der südöstlichen Lausitz.
6. Kaolinlager im Steinkohlengebirge des mittleren Sachsens.
7. Kaolinlager im sächsischen Erzgebirge im Zusammenhang mit Erzgängen.

In die letzte Gruppe nach der STAHLschen Einteilung gehört das bereits besprochene Vorkommen der St. Andreas-Zeche bei Aue im Erzgebirge, das ja, wie wir gesehen hatten, endogenen Ursprungs ist. Dieses Lager ist ebenso wie viele andere heute vollständig erschöpft und deshalb für unsere Betrachtungen weniger von Interesse.

Von wirtschaftlicher Bedeutung sind heute die Lagerstätten im nordsächsischen Porphyrgebiet südöstlich von Leipzig, die Lagerstätten bei Meißen und die im Granitgebiet der nördlichen Lausitz.

α) **Kaolinlager im nordsächsischen Porphyrgebiet.** Das Gebiet, in dem die Kaolinlager im Zusammenhang mit den Quarzporphyren des nördlichen Sachsens auftreten, hat ungefähr die Form eines Dreiecks. Die westliche Begrenzung bildet die Mulde von Colditz bis Wurzen, die nordöstliche eine von Wurzen nach Oschatz gezogene gedachte Linie und die südöstliche Begrenzung etwa die Linie zwischen Oschatz über Mügeln nach Colditz.

Das Ursprungsgestein dieser Kaoline bilden die verschiedensten Porphyre, die als Deckenergüsse in der Zeit des Rotliegenden ausbrachen. Zu diesen Ursprungsgesteinen gehört der Rochlitzer Quarzporphyr, an den sich nördlich ein Pyroxenquarzporphyr anschließt. Die Porphyrdecken wurden im Laufe der weiteren geologischen Geschichte zu einzelnen Decken und Mulden umgestaltet, hierüber finden sich lockere tertiäre und diluviale Ablagerungen. Die Porphyre ragen in Form von einzelnen Kuppen durch die jüngeren Deckschichten hindurch, während in den Mulden und an den Hängen dieser Porphyrkuppen die Kaolinlager zu finden sind, welche meist eine flach schüsselförmige Gestalt haben.

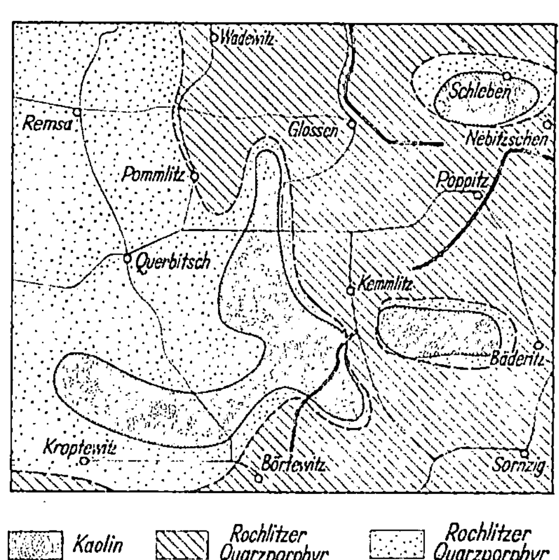

Abb. 64. Die Kaolinlagerstätten bei Kemmlitz-Börtewitz (nach LAUBENHEIMER u. LEHMANN)

Der Rochlitzer Quarzporphyr, der den größten Teil der Porphyrdecke aus dem Unterrotliegenden bildet, ist dadurch ausgezeichnet, daß die Grundmasse gegenüber den Einsprenglingen zurücktritt. Als Einsprenglinge finden sich neben Quarz wasserheller, glasglänzender Orthoklas, kaolinisierter Plagioklas, sowie Biotit und sekundärer Chorit. Im Tertiär trat eine mehr oder weniger große Kaolinisierung der anstehenden Gesteine ein, und als Rest hiervon finden wir im Nordwesten Sachsens ein Hauptbecken mit Kaolinlagern und im Osten und Süden davon noch einige abgetrennte kleinere sog. Randbecken, z.B. bei Wurzen, bei Grimma, bei Colditz und bei Kemmlitz (Abb. 64).

Die Zusammensetzung des Kemmlitzer Kaolins Meka ist in Tab. 29 angegeben.

Die Gesteine, auf denen die alttertiären Schichten auflagern, sind durchweg gebleicht und, wenn sie feldspatreich sind, kaolinisiert. Neben den Kaolinen finden sich in dieser Gegend auch Ablagerungen von Tonen, die für die Feinkeramik und für die Papierindustrie abgebaut werden. Die aufliegenden Lößlehme z. B. dienen als Rohstoff für die Herstellung von Mauerziegeln.

β) **Kaoline im Meißener Gebirgsmassiv.** Das Meißener Massiv besteht aus Syeniten, Graniten und Porphyrgesteinen, es wird durch die Elbe in einen nördlichen und in einen südlichen Teil geteilt. Das Gebiet westlich und nordwestlich von Meißen ist ein mit Löß bedecktes flachwelliges Hügelland, in das Elbe und Triebisch steilwandige Täler eingegraben haben.

Die alten Granite und Syenite werden von Decken und Gängen, die aus Pechsteinen, Quarzporphyren und Porphyriten des Rotliegenden bestehen, überlagert und durchbrochen. Diese feldspatreichen Gesteine wurden vor und während des Tertiärs tiefgründig kaolinisiert. Ist dieses kaolinisierte Gestein an Ort und Stelle liegengeblieben, so kann es als Rohkaolin gewonnen werden, meist erfolgte jedoch eine Umlagerung, wie z. B. in der Meißener Gegend, so daß wir dann von einem Kaolinton sprechen sollten.

Besondere Vorkommen aus diesem Gebiet liegen bei Löthain, bei Dobritz, bei Schletta und bei Seilitz. Sie sind nur an wenigen Stellen an der Erdoberfläche aufgeschlossen, meist liegen sie 10–20 Meter unter Tage und werden von Löß, Kies und Sand überlagert. Abb. 65 zeigt die Lagerstätte der Schlettaer Erde.

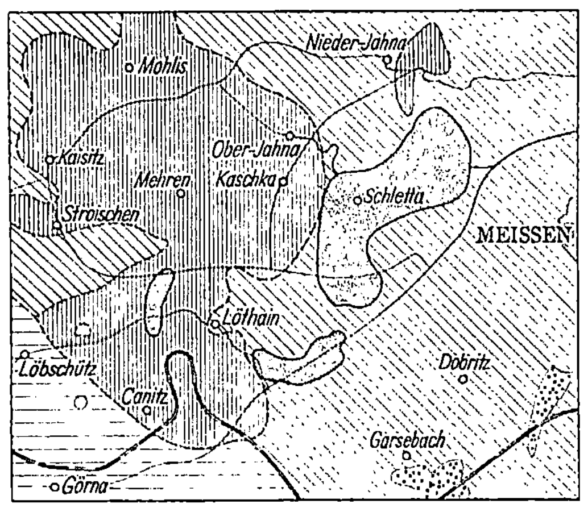

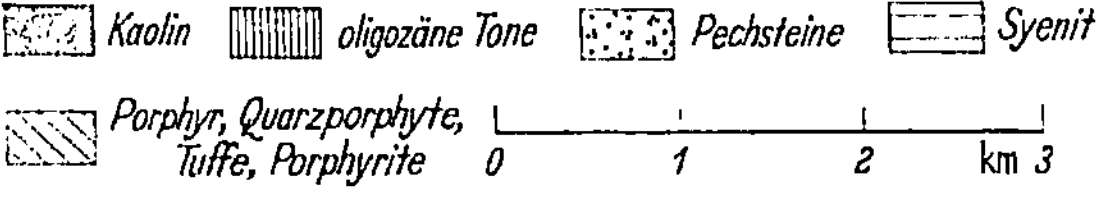

Abb. 65. Die Kaolinlagerstätten bei Meißen-Löthain (nach LAUBENHEIMER u. LEHMANN)

Die weißbrennende Schlettaer Erde, die in Meißen zur Porzellanherstellung verwandt wird und aus Pechstein entstanden ist, zeichnet sich durch hohe Plastizität, große Trockenfestigkeit und eine gute Transparenz des Scherbens aus. Sie besteht aus etwa 30% Kaolinit, 34% Illit, 25% Quarz und etwa 4% Feldspat (vgl. HOFMANN, ERNST und ZWETSCH, 1958). Nach RADCZEWSKI und BALDEN (1959, 1960) ist der Kaolinit bis in die feinste Fraktion hinunter idiomorph pseudohexagonal ausgebildet, während der Illit quellbar ist, in die Gruppe der Tonminerale mit Wechsellagerungsstruktur gehört und überwiegend Leistenform zeigt (vgl. S. 47 f, Abb. 22–24).

In Tab. 29 ist ferner die Zusammensetzung des Edelkaolins 95 von Halle und eines Kaolintons von Niedertiefenbach angegeben, der fast

vollständig aus Kaolinit besteht und als feinkörniger Standardkaolin
verwandt wird. Da er umgelagert ist und sich auf sekundärer Lagerstätte
findet, wodurch seine Reinheit und das Fehlen von Quarz erklärt wird,
muß er als Kaolinton bezeichnet werden.

2. Die Tonlagerstätten

a) Die Genese der Tone

Nach einem Vorschlag von RIEKE werden von den Kaolinen, die als
Verwitterungsprodukte auf dem Muttergestein liegengeblieben sind, die
Tone unterschieden, welche die von dem Verwitterungsort und Ursprungsgestein transportierte und an einer sekundären Lagerstätte abgelagerte
feinste Trübe darstellen. Die Tone liegen also im Vergleich zu dem Ursprungsgestein auf einer sekundären Lagerstätte, d.h., sie sind allochthon.
Bei ihrem Transport ist eine weitgehende Reinigung des Materials eingetreten in der Weise, daß die gröberen Bestandteile früher abgelagert
wurden und in den Tonen nur noch die feinsten Anteile vorhanden sind.
Während also die Kaoline noch das Gefüge des Ursprungsgesteins erkennen lassen (eines Granits oder eines Quarzporphyrs oder auch eines Sand-
steins), haben die Tone ein Gefüge, welches nur durch die Ablagerung bestimmt ist.

In besonderen Fällen können Schichtungen entstehen, in denen z.B.
hellere und dunklere Lagen abwechseln. Sie weisen auf verschiedene
klimatische Bedingungen während der Ablagerung hin.

Hierher gehören die z.B. in Schweden verbreiteten glazialen Warven-
tone oder Bändertone, die für bestimmte Sedimentzyklen der Eiszeit
bzw. der Nacheiszeit charakteristisch sind. In diesen Tonen wechseln
feine helle und dunkle Schichten ab, die durch jahreszeitliche klimatische
Schwankungen bedingt sind. Im Sommer, d.h. in denjenigen Jahreszeiten, in denen höhere Temperaturen herrschten und ein stärkeres Abtauen
des Eises erfolgte, war der Zufluß von suspendiertem Material groß, und
das gröbere Material setzte sich wegen seiner höheren Fallgeschwindigkeit
schnell ab, während die feinste Trübe erst im Laufe des Winters, wenn
die Materialzufuhr stockte, sedimentieren konnte. Daher haben die
Schichten aus den wärmeren Jahreszeiten wegen des in ihnen vorhandenen etwas gröberen Quarzes eine hellere Farbe.

In den Perioden oder Jahreszeiten mit den tieferen Temperaturen, in
denen die Menge des Schmelzwassers geringer und daher wohl auch die
Strömungsgeschwindigkeit der Wasserläufe kleiner war, kam es zu einer
Stagnation und zur Abscheidung der allerfeinsten Trübe. In diesen
Perioden sind die dunkleren Schichten entstanden, die neben der feinen
Trübe auch noch organische Substanzen enthalten.

Diese klimatischen jahreszeitlichen Schwankungen in den Ablagerungen hat man dazu benutzt, ihr Alter durch Auszählen der Schichten zu
bestimmen, und ist auf Werte gekommen, die größenordnungsmäßig z.B.
mit den auf radioaktivem Wege gewonnenen Zahlen recht gut übereinstimmen (vgl. S. 3).

Tabelle 29. *Zusammensetzung einiger Kaoline*

Vorkommen	Zettlitz	Zettlitz	Chodau	Aue	Halle
Kaolinsorte	Ia		Osm.-K.		Edelk. 95
Entstehung	exogen	exogen	exogen	endogen	exogen
Muttergest.	Granit	Granit	Granit	Porphyr	Porphyr
Chem.-Analyse (%)					
SiO_2	46,27	47,13	47,11	48,98	49,09
Al_2O_3	39,36	35,62	37,69	37,01	36,98
Fe_2O_3	0,74	1,07	1,13	0,71	0,34
TiO_2	n.b.	0,36	0,28	0,03	0,13
CaO	0,14	0,52	0,25	0,24	0,14
MgO	Sp.	0,69	0,27	0,21	Sp.
K_2O	} 0,20	1,26	0,97	–	} 0,07
Na_2O		0,30	0,14	–	
P_2O_5	n.b.	n.b.	0,12	n.b.	n.b.
SO_3	n.b.	0,43	0,04	n.b.	n.b.
Glühv.	13,31	12,69	12,54	12,50	13,25
	100,02	100,07	100,54	99,68	100,00
Rationelle Analyse (%)					
Tonsubstanz	98,4		98,3		94,9
Quarz	1,2		1,3		4,7
Feldspat	0,4		0,4		0,4
	100,0		100,0		100,0
Röntgenanalyse (%)					
Kaolinit	93	90–95	90		
Quarz	2	3–4	4		
Glimmer	5	Illit: <1	5		
Feldspat	–	–	–		
Kornverteilung (%)					
über 60 μm	5	–	0,5	}	} 16,5
20–60 μm	7	–	0,5		
6,3–20 μm	9	10	9	}	} 39,7
2– 6,3 μm	30	4	38		
0– 2 μm	49	86	52		43,8
SK	36		35/36		32
Literatur:	[1]	[6]	[1, 2, 6]	[4]	[3, 5]

[1] KEMPCKE, E., M. PRIEHÄUSSER u. U. HOFMANN: Sprechsaal 84 (1951) 64. – [2] Tonmineralausschuß. – [3] HENZE, W., Silikattechnik 3 (1952) 157–160. – [4] KIRSCH, H.: Silikattechnik 6 (1955) 207. – [5] KEMPCKE, E.: Sprechsaal (Jahrb. 1954/55) 104–135. – [6] Institut f. Gesteinshüttenkunde Aachen.

Je nach den Bedingungen der Sedimentation und des Transportes bildet sich eine große Anzahl verschiedenartiger Tone: von den allerfeinsten Tonen, die zu etwa 80–100 % aus Teilchen mit einer Größe unter 2 μm bestehen, bis zu gröberen Tonen, die noch ziemlich viel grobes Material und sandige Anteile enthalten. Die letzten sind vor allem in den eiszeitlichen Ablagerungen des Diluviums zu finden.

(zusammengestellt von H. Rennen)

Kemmlitz	Schnaittenb.	Hirschau	Hirschau	Amberg	Niedertbch.
Meka	Kaol. R.	Edelk. I	f. f. Nr. IV	K 08	K.-Ton $< 2\,\mu$m
exogen	exogen	exogen	exogen	exogen	exogen
Qu-porphyr	Feldspatsandstein d. Mittleren Keupers				sek. Lager
55,53	48,7	47,03	47,42	48,35	43,92
32,04	36,5	38,31	38,30	36,23	38,17
0,38	0,85	0,47	0,48	0,76	1,53
0,10	0,3	0,32	0,20	0,18	1,86
0,24	Sp.	0,12	0,20	0,34	0,20
0,05	Sp.	0,11	0,13	0,33	0,21
} 0,25	} 0,7	0,17	0,35	2,02	0,36
		0,26	0,03	0,51	0,14
n.b.	n.b.	0,45	n.b.	0,17	n.b.
n.b.	n.b.	0,008	n.b.	0,01	0,24
11,40	12,95	13,00	12,79	11,39	13,35
99,99	100,00	100,25	99,90	100,29	99,98
				K.	
82,3	93,0	95,2		86,4	
17,2	5,7	2,4		1,7	
0,5	1,3	2,4		11,9	
100,0	100,0	100,0		100,0	
85	97	>90	85	87	96
15	3	2	15	3	2
?	?	<10	Sp.	10	Rutil: Sp.
–	?	?	–	–	Fe_2O_3: 1,5
4	3	5	3	3	
5	5	10	23	4	
12,5	27	26	28	17	
51	36	32	23	37	
27,5	29	27	23	39	
34/35	34/35	35		35	
[1]	[1]	[2, 1]	[6]	[2, 1]	[6]

Die geologische Periode, in der es vorwiegend zur kaolinitischen Verwitterung und zur Bildung von Tonen kam, ist das Tertiär. Die im Tertiär gebildeten und abgelagerten Tone sind noch nicht so weit verfestigt, daß sie ihre Plastizität verloren haben, es handelt sich hierbei noch um natürliche plastische Rohstoffe, die ohne weiteres verarbeitet werden können. Bei den entsprechenden Tonen aus älteren geologischen Perioden, etwa aus der Kreide, aus dem Mesozoikum oder gar aus dem Karbon, ist eine starke Verfestigung infolge der Diagenese eingetreten, so daß diese Tone in zunehmendem Maße in Schiefertone und Tonschiefer übergehen, welche im natürlichen Zustand verfestigt sind und keine

Plastizität zeigen. Erst nach einem Mahlen und feinen Zerkleinern gewinnen sie ein geringes plastisches Verhalten.

Die Tone können je nach ihrem Verwendungszweck oder nach ihren Eigenschaften in verschiedene Gruppen eingeteilt werden. Im allgemeinen werden die feuerfesten Tone von den anderen Tonen wegen ihrer günstigen Brenneigenschaften unterschieden, daneben gibt es Tone, die wegen ihrer mineralischen Zusammensetzung, ihrer plastischen Eigenschaften und ihres Brennverhaltens z.B. als Steinzeug- oder Steinguttone verwandt werden, und schließlich haben wir die große Gruppe der Ziegeltone, die entsprechend der geringeren Güte der daraus erbrannten Produkte nur geringere Güteeigenschaften zu haben brauchen. Im folgenden sollen zunächst die feuerfesten Tone besprochen und gleichzeitig Lagerstätten der anderen meist tertiären Tone beschrieben werden, die für Zwecke der Steingut- oder Steinzeugindustrie oder auch in der Töpferei Verwendung finden.

b) Tertiäre Tone

α) **Die feuerfesten Tone.** Als feuerfeste Tone werden diejenigen Tone bezeichnet, welche eine hohe Schmelztemperatur haben. Das Schmelzverhalten und die Schmelztemperatur wird ja bekanntlich nicht in Celsiusgraden angegeben, sondern durch den Segerkegelfallpunkt bestimmt. Diese Bestimmung ist deswegen zweckmäßig und für die Praxis geeignet, weil die einzelnen keramischen Rohstoffe infolge ihrer mineralisch inhomogenen Zusammensetzung keinen definierten Schmelz- oder Sinterungspunkt haben, sondern im allgemeinen einen Schmelzbereich zeigen. Man hat deswegen nach dem Vorschlag von SEGER den keramischen Rohstoffen in der Zusammensetzung entsprechende Kegel hergestellt, die mineralisch etwa gleich zusammengesetzt sind wie das entsprechende Brenngut und daher ein analoges Schmelzverhalten zeigen. Der Schmelzpunkt bzw. das Schmelzverhalten wird angegeben durch den sog. Kegelfallpunkt, d. h. die Temperatur, bei der der entsprechende Kegel soweit geneigt ist, daß er mit seiner Spitze die Standfläche berührt (vgl. Segerkegeltabelle S. 133).

Als feuerfeste Tone werden diejenigen Tone bezeichnet, die einen Kegelfallpunkt haben über SK 18, d.h. über 1500 °C. Früher wurde die untere Grenze für die feuerfesten Tone bei dem Segerkegel 26 angenommen, das entspricht einer Temperatur von 1580 °C, man ist aber in den letzten Jahren allgemein dazu übergegangen, die Grenze der Feuerfestigkeit auf die Temperatur von 1500 °C, d.h. einen Segerkegelfallpunkt 18 festzulegen. Um diese Bedingung der Feuerfestigkeit zu erfüllen, müssen die entsprechenden Tone möglichst frei von oder arm an Quarz sein, sie dürfen nur wenig Metalloxyde, wenig Kalziumoxyd, Magnesiumoxyd, Eisenoxyd und Titanoxyd enthalten, und die Menge der Flußmittel, d.h. die Menge der Alkali- und der Erdalkalioxyde, soll 5 % nicht übersteigen. Das Fehlen dieser Oxyde ist deswegen von Bedeutung, weil sie besonders in größerer Menge den Schmelzpunkt stark herabsetzen würden.

β) **Vorkommen der feuerfesten Tone.** In Deutschland können mehrere z.T. geschlossene Gebiete, in denen Tone, insbesondere auch feuerfeste

Tone vorkommen, abgegrenzt werden. Hierzu gehört z.B. der Westerwald. Bei den hier abgelagerten Tonen handelt es sich in der Hauptsache um ein Verwitterungsprodukt der anstehenden devonischen Gesteine, wie z.B. Tonschiefer, Quarzitsandstein, Sandstein. Es ist schwierig, den genauen geologischen Zeitpunkt der Sedimentation dieser Tone zu bestimmen, weil in den Schichten der kontinentalen tertiären Ablagerungen im allgemeinen charakteristische Leitfossilien nicht vorkommen und daher ihr Alter nicht genau bestimmt werden kann. Zum anderen liegen gerade im Westerwald oft verschiedenartige, für sich abgeschlossene Tonbildungen auf den gleichen Ursprungsgesteinen nebeneinander, die offenbar zu verschiedenen Zeiten unter verschiedenen geographischen Bedingungen abgelagert wurden, und drittens sind gerade im Westerwald die ehemals nahezu flachliegenden Schichten durch starke tektonische Störungen im Jungtertiär und im Diluvium gegeneinander verschoben, überschoben usw., so daß sehr oft keine gleichartige Gesteinsfolge vorliegt. Es ist daher geologisch nicht ganz einfach, eine genaue Alterseinstufung und Parallelisierung der Schichten in den verschiedenen Einzelbecken vorzunehmen.

Die Tone im Westerwald zeichnen sich ganz allgemein durch ihre hohe Plastizität aus, sie sind oft ohne weitere Zusätze in der keramischen Industrie zu verwenden und haben im allgemeinen sehr hohe Brenntemperaturen, die z.T. 1600 °C noch überschreiten.

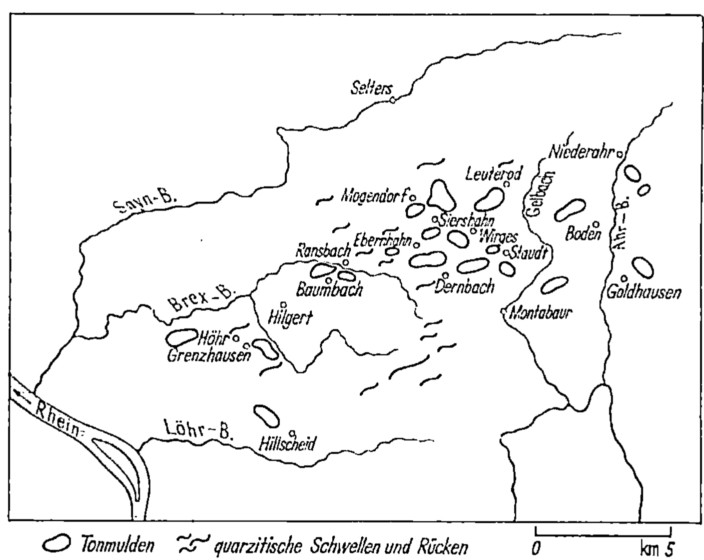

Abb. 66. Die Tonvorkommen im westlichen Westerwald (nach KREILING)

β_1) Die Westerwälder Tone. Zu den Westerwälder Tonen ist allgemein noch folgendes zu bemerken: sie haben im allgemeinen gute plastische Eigenschaften, hohe Segerkegelfallpunkte, sind dichtbrennend bei SK 1a (1100 °C) und hochbasisch, d.h. gut zur Herstellung von

Schamotte geeignet. Der Gehalt an Fe_2O_3 und Alkalien liegt bei etwa 2%, ihre Brennfarbe ist rein weiß, bei hoher Temperatur grau.

Abb. 66 gibt eine Skizze über die im Westerwald vorhandenen verschiedenartigen Tonmulden nach Kreiling. Es sollen im folgenden einige dieser Vorkommen näher besprochen werden.

Krug- und *Kannenbäckerland.* Die reichsten und wertvollsten Tongruben des Westerwaldes finden sich wohl im Krug- und Kannenbäckerland. Hier sind in besonderer Weise zu nennen die Tongruben in Wirges mit den Tonen von Ebernhahn und Lämmersbach. Südöstlich davon erstreckt sich die Dernbach-Staudter-Tonmulde, deren Tone allerdings sehr häufig mit Brauneisenstein durchsetzt sind, so daß sie nicht für alle Zwecke verwandt werden können. Weiter ist zu nennen die Ransbacher Mulde im westlichen Westerwald, die Mulde zwischen Siershahn und Mogendorf und die kleine Hillscheider Mulde bei Höhr-Grenzhausen.

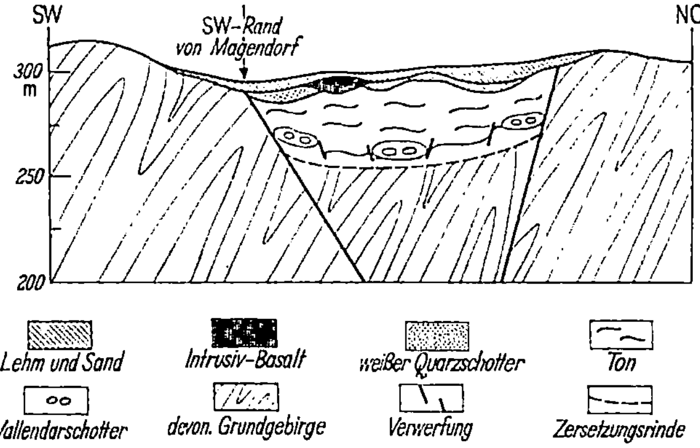

Abb. 67. Geologischer SW–NO-Schnitt durch die Siershahn-Mogendorfer Tonmulde (nach Kreiling)

Einen Einblick in die durch tektonische Brüche stark gestörte Lagerung der Gesteine gibt Abb. 67, die ein Profil in Südwest-Nordost-Richtung durch die Siershahn-Mogendorfer Tonmulde zeigt. Gerade die Tatsache der relativ kleinen Grabenbrüche ist die Ursache dafür, daß an solchen Einbrüchen noch die Tone erhalten geblieben und nicht in den nachtertiären Zeiten abgetragen worden sind. Wegen der oft größeren oder kleineren räumlichen Ausdehnung dieser Brüche und eingestürzten Gräben finden wir in oft relativ geringer Entfernung verschiedenartige Tone abgelagert. Die Mächtigkeit der Tone im Kannenbäcker Land ist verschieden, wie auch die Art der einzelnen Tone sehr stark wechselt, im westlichen Westerwald kann sie Größen zwischen 30 und 70 m erreichen.

Im Siershahn-Mogendorfer Becken (Abb. 66) finden sich sehr fette, meist auch weiß- und cremebrennende Tone, die als keramische Tone als Krugtone verwandt werden, daneben aber auch ganz charakteristische Blautone, die als feuerfeste Tone mit einem Tonerdegehalt bis 38% Verwendung finden.

Der Siershahner Blauton z.B. (vgl. Tab. 33) besitzt eine solche Feinheit, daß z.T. 90–100% des Gesamttones eine Teilchengröße unter 2 μm haben. Mineralisch bestehen die Tone in der Hauptsache aus Kaolinit, und zwar aus fehlgeordnetem Kaolinit, der etwa mit 50–60 % darin vorhanden ist, daneben finden sich etwa 20–30 % illitische Anteile und Quarz oft nur unter 5 %. Der Feldspatanteil wird z. T. mit 5–10 % angegeben. Die Feuerfestigkeit dieses Blautones liegt bei SK 30–32.

Die chemische Analyse ist der zusammenfassenden Tabelle 33 der feuerfesten Tone zu entnehmen (S. 118). Im allgemeinen werden diese Tone nach ihrem Tonerdegehalt gehandelt, denn je höher der Tonerdegehalt ist, desto höher ist auch der Segerkegelfallpunkt. Allerdings wird in der Feuerfestindustrie der Tonerdegehalt des glühverlustfreien Tones angegeben, und gute Tone haben einen Tonerdegehalt über 38 bis etwa 42 %. Oft finden wir in der gleichen Lagerstätte mit zunehmender Teufe einen Übergang von tonerdereichen zu tonerdeärmeren Ablagerungen. Dann ist der Unterschied in der Zusammensetzung der Tone schon rein äußerlich durch Farbe und Aussehen zu erkennen, aber für eine genaue Differenzierung ist im allgemeinen die Durchführung von technologischen oder von mineralogischen Untersuchungen notwendig, von denen die ersten durch Brennversuche z. B. das Brennverhalten angeben, die anderen aber Aufschluß über den Mineralbestand vermitteln.

Verwendung der Westerwälder Tone: Um die Westerwälder Tone zweckmäßig einzusetzen, ist ihre genaue Untersuchung besonders in be-

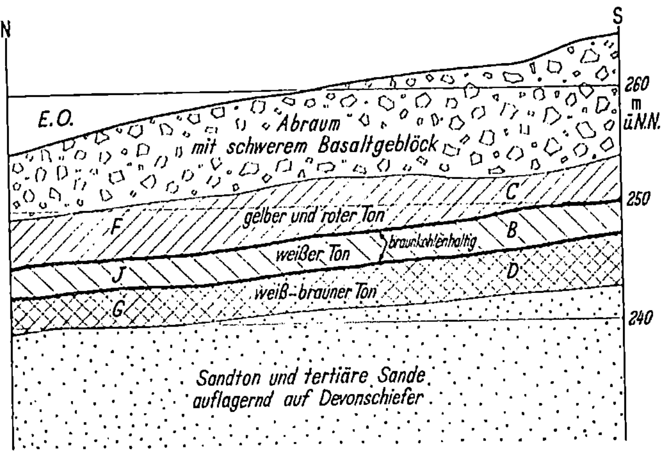

Abb. 68. Schematischer Schnitt durch das Tonlager bei Staudt, N–S. Höhenmaßstab 1 : 200 (nach einer Skizze von MARX aus BREHLER)

zug auf die mineralische Zusammensetzung notwendig. Diese liegt aber z. T. noch nicht vor, so daß die Tone auf Grund der allgemeinen Erfahrungen verwandt werden. Dies mögen einige Beispiele erläutern.

Bei Ransbach kommen keramische Tone vor, die weiß- bzw. cremebrennend sind, sie werden als Krugtone verwandt, daneben gibt es auch feuerfeste Tone mit einem Tonerdegehalt bis zu 35 %.

Bei Lämmersbach finden sich weißbrennende Tone, die als keramische Tone und als feuerfeste Tone verwandt werden, der Tonerdegehalt geht bis zu 38%. Im Becken von Staudt und Moschheim finden sich weißbrennende Tone, die als keramische Tone und als feuerfeste Tone verwandt werden können, ihr Tonerdegehalt reicht bis zu 35%. In

Abb. 69. Tongrube Staudt, Westerwald

Abb. 70. Tongrube Staudt, Westerwald

Abb. 68 ist die Lagerung der Tone von Staudt skizziert, Abb. 69 und 70 geben eine Ansicht der Grube. Die hier anstehenden Tone bestehen im Bereich unter 2 μm zu 30–50% aus fehlgeordnetem Kaolinit, zu

40–70% aus dioktaedrischem Illit und enthalten im Feinen nur 1–6% Quarz.

Abb. 71 zeigt die Tongrube Boden, in der Tone mit z.T. sehr niedrigem Tonerdegehalt gewonnen werden, die z.B. als keramische Fülltone

Abb. 71. Tongrube Boden, Westerwald

und zur Herstellung von Pfannensteinen Verwendung finden. Besonders im Kontakt zu darüberlagerndem Basalt sind sie rot gefärbt.

Bei Goldhausen und Ruppach (Abb. 72) finden sich sehr fette, weißbrennende, keramische und hochfeuerfeste Tone, deren Tonerdegehalt bis 42% betragen kann. Sie sind z.T. sehr feinkörnig, z.B. der „Blauton" (E) mit 95% und der braune Ton (I) mit 92% Anteilen unter 2 µm, während der über dem Kies lagernde, wahrscheinlich diluviale sandige Ton (A) nur etwa 50% Teilchen unter 2 µm enthält. Die Tone I und E sind durch organische Substanz intensiv braun gefärbt. Bei Staudt und Niederahr kommen rotbrennende Tone vor, die auch trotz ihres relativ geringen Al_2O_3-Gehaltes feuerfest sind.

Bei Hillscheid finden sich feuerfeste Tone und Tone, die als Röhrentone eine besondere Rolle spielen. Für die Verwendung dieser Tone ist

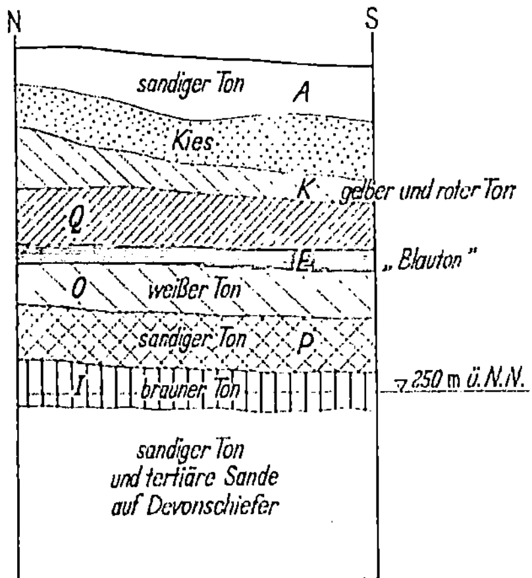

Abb. 72. Schematischer Schnitt durch das Tonlager östlich von Ruppach. N–S. Höhenmaßstab etwa 1 : 200 (nach einer Skizze von MARX aus BREHLER)

besonders ihre hohe Plastizität, ihr großes Bindevermögen, ihre frühe Sinterung und die Tatsache, daß sie bei 1100 °C dicht brennen, von Bedeutung.

β_2) Der Bonner Tonbezirk. Weitere Tonlager finden sich im Siebengebirge und in der niederrheinischen Bucht. Auch hier bilden den Untergrund unter den Tonablagerungen die devonischen Gesteine des rheinischen Schiefergebirges. Diese Gesteine sind nicht nur das Liegende der tertiären Ton- und Quarzitlagerstätten, sondern sie sind ohne Zweifel zugleich auch die Ausgangsgesteine der tertiären Sedimente. Zum Teil bilden diese tertiären Gesteine eine Wechsellagerung zwischen Sand, Ton, Kies und Braunkohle, mit allen möglichen Übergängen.

Die Hauptmenge der Tone der niederrheinischen Bucht kommen im sog. Bonner Tonbezirk vor. Dieser erstreckt sich rechtsrheinisch von Bonn bis etwa nach Siegburg und linksrheinisch in südlicher Richtung bis fast an die Ahr heran.

Abb. 73 zeigt eine geographische Übersichtsskizze über den Bonner Tonbezirk nach ASHAUER. In den Bonner Tonbezirk gehören die bekannten Lagerstätten von Witterschlick, von Röttgen, von Adendorf und von Ringen und Lantershofen.

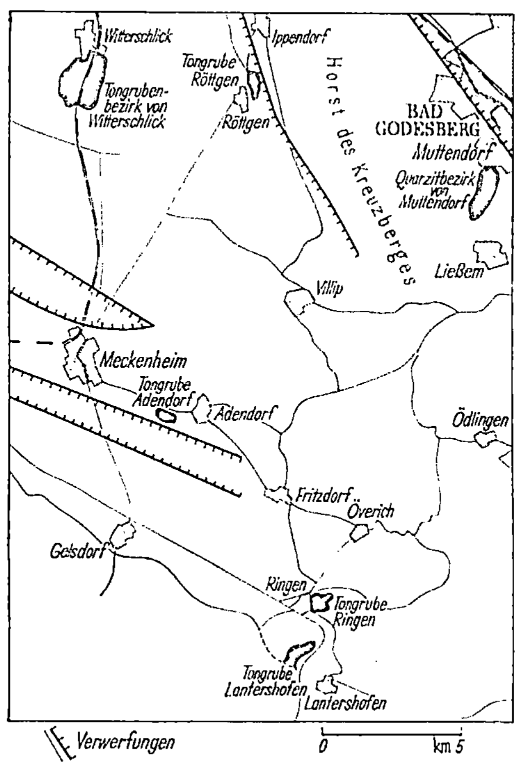

Abb. 73. Übersicht des Bonner Tonbezirks (nach ASHAUER)

In Witterschlick und Röttgen werden Tone aller Qualitäten abgebaut, darunter ganz besonders feuerfeste und hochfeuerfeste Tone. Der Abbau erfolgt nicht nur im Tagebau, sondern auch im Schacht- und im Stollenbau.

In Tab. 33 ist die Zusammensetzung des Witterschlicker Blautons und des Adendorfer Fischertons angegeben.

Abb. 74 zeigt ein schematisches Profil durch das Tongebiet von Witterschlick. Auch hier sind die Verwerfungen mit den Abrutschungen oder den stehengebliebenen kleinen Horsten deutlich zu erkennen. Die eigentlichen Tonschichten finden sich in relativ großer Teufe. Das normale Profil ist nach KRALIK und ASHAUER etwa folgendes:

4–6 m Abraum (Sand, Kies, Lehm)   6,5 m Schluff
5 m Verblenderton   3,5 m Blauton
0,9 m koh·iger schwarzer Ton   1 m schwarzer kohliger Ton
1,5 m harter sandiger Ton

β_3) Die Großalmeroder Tone. Südöstlich von Kassel, auf den Höhen des Kaufunger Waldes, finden sich die bekannten Tonlagerstätten von Großalmerode. Es handelt sich um eine tertiäre Schichtenfolge, die

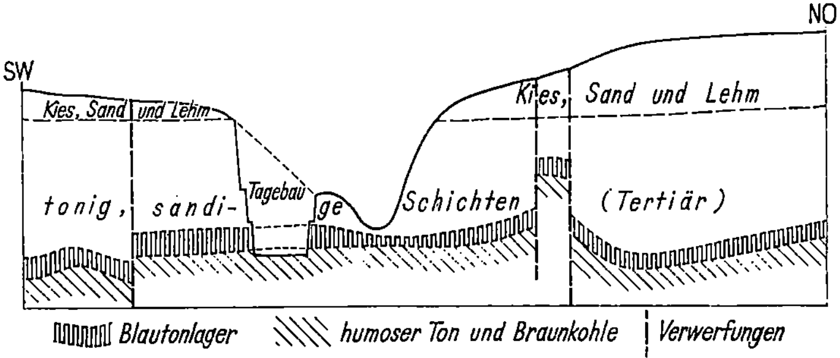

Abb. 74. Schematisches Profil durch das Tongebiet von Witterschlick (umgearbeitet nach VOSEN von ASHAUER)

zwischen einem Triassockel und der Basaltkuppe des Hirschberges abgelagert ist. Die Mächtigkeit der Tonschichten übersteigt 200 m, sie sind durch 4 Braunkohlenflöze gegliedert.

Die Flöze 1–3 der Grube Hirschberg gehören der jüngeren Flözgruppe an, die aus dem Oberoligozän bzw. Miozän stammt, wie durch Pollenanalyse ermittelt wurde. Unter Flöz 3 findet sich Septarienton, darunter mitteloligozäner Melanienton, der von unteroligozänen Tonen und Braunkohlenflözen unterlagert wird. Das Liegende dieses Braunkohlenflözes ist weißer Sand, 1–5 m mächtig, der z.T. quarzitisch ausgebildet ist. Die unteroligozänen Schichten liegen auf dem Triassockel auf.

Daß hier dieses große Tonvorkommen erhalten ist, hat seinen Grund darin, daß es einmal durch die Basaltmassen des Hirschberges vor der Abtragung geschützt wurde und zweitens in einem Schnittpunkt zweier Grabenzonen liegt, die eine tiefe tektonische Versenkung hervorgerufen haben.

Hervorzuheben ist der hier vorkommende Hafenton (auch Pfeifenton genannt), der besonders geeignet ist zur Herstellung von Glashäfen. Er enthält sehr feinen Quarz, der die Ursache ist für sein schnelles Dichtbrennen bei 1000 °C und sein geringes Schwindverhalten, und hat ein gutes Bindevermögen. Abb. 28 (S. 57) zeigt die Anteile unter 1,5 μm mit den Tonmineralen Kaolinit und Illit aus dem Großalmeroder Ton. Sein Segerkegelfallpunkt liegt bei 26–30. Daneben finden sich fette Tone, von denen der fetteste als Tiegelton verwandt wird. Es ist ein gelblicher oder bläulichweißer Ton, der mit Sand, Schamotte und Graphit versetzt zu Schmelztiegeln verarbeitet wird. Die fettesten Tone liefern außerdem gute Walkerden. Die durchschnittliche Mächtigkeit beträgt etwa 6 m.

Der Hafenton, der auch als plastischer Bindeton verwandt werden kann, ist in seinen tieferen Schichten z.T. FeS_2-haltig, d.h., er hat mehr oder weniger große Markasitknollen, die vor der Verwendung als Hafenton von Hand ausgelesen werden müssen oder mittels eines Osmoseverfahrens entfernt werden. Das ist besonders wichtig vor der Verwendung zur Herstellung von feuerfesten Steinen und von Schmelztiegeln. Diese Tone sind verschiedentlich untersucht worden. Im folgenden sollen einige Ergebnisse aus der Arbeit von LIPPMANN gegeben werden (s. Tab. 30–32).

Tabelle 30. *Chemische Zusammensetzung der Großalmeroder Tone*

	Hafenton		Magerton	Fetton
	I	II		
Glühverlust	5,2	6,2	7,2	11,45–12,10
SiO_2	72,8	70,8	67,4	49,94–48,08
Al_2O_3	16,4	18,8	20,25	32,80–35,10
TiO_2	2,0	2,0	2,0	1,40– 1,40
Fe_2O_3	1,8	1,4	2,3	2,55– 2,20
SK		28/29	29	33

Tabelle 31. *Mineralbestand der Großalmeroder Tone*

	Hafenton		Fetton
	I	II	
Kaolingruppe	50	40	65
Quarz	45	55	30
Illit	<3	<3	<5
TiO_2	~2	~2	~1

Tabelle 32. *Korngröße der Großalmeroder Tone*

	Glashafenton		Fetton
	I	II	
>200 µm	–	–	–
200– 63 µm	1	1	Spur
63– 20 µm	7	8	5,5
20– 6,3 µm	20	21	16
6,3–2 µm	23	23	17
2–0,63 µm	12	12	14,5
<0,63 µm	37	35	47

Der Abbau der Großalmeroder Tone erfolgte ursprünglich im Tagebau, beginnend im Ausgehenden der Schichten. Später folgte dann ein Kammerbau und heute, seit Beginn des 20. Jahrhunderts wird fast ausschließlich in Stollen und Schächten gearbeitet, teilweise auch im Tiefbau.

β_4) **Die Tone der Rheinpfalz.** Ein einzigartiges Vorkommen von feuerfesten Tonen in Begleitung von Klebsanden findet sich in dem Becken von Hettenleidelheim-Eisenberg, nördlich der Autobahn von Mannheim nach Saarbrücken. Es handelt sich bei diesem Vorkommen um ein kleines, allseitig geschlossenes Becken von etwa 23 km² Fläche, wovon etwa 2¹/₂ km² mit Tonen bedeckt sind. Eine Beschreibung der geologischen Verhältnisse in diesem Gebiet hat L. SPUHLER gegeben.

Hier liegen die Tone wie bei Eisenberg in Thüringen mitten im Buntsandstein, und zwar auf abgesunkenen Schollen. Es ist daher als ziemlich sicher anzunehmen, daß die Schichten des Buntsandsteins den Rohstoff für die Bildung der Tone lieferten. In Thüringen jedoch sind die Klebsande autochthon, d. h., sie sind durch Umwandlung steilgestellter Buntsandsteinschichten entstanden und nicht umgelagert worden, was aus den Lagerungsverhältnissen unmittelbar zu entnehmen ist. In der Rheinpfalz dagegen sind die kaolinisierten Massen weitgehend eingeschlämmt und damit umgelagert worden.

Bezüglich der Entstehung dieser Ablagerungen nahm man früher an, daß sie aus den roten Tonen des Röt und den tonigen Bindemitteln des

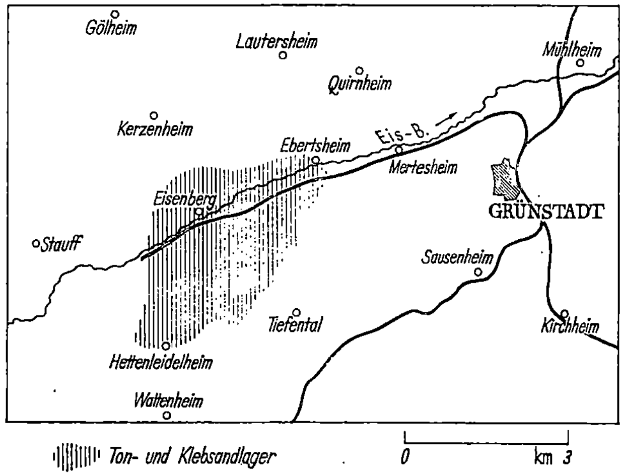

Abb. 75. Übersichtskarte der Ton- und Klebsandlager bei Eisenberg in der Rheinpfalz (nach DIENE-MANN-BURRE)

übrigen Buntsandsteins herzuleiten sind, heute hat man jedoch erkannt, daß es sich um Verwitterungsprodukte handelt, die unmittelbar vom kaolinisierten Feldspat der oberen Schichten des Hauptbuntsandsteins, der Karlstalschichten stammen. Es handelt sich um tertiäre Ablagerungen, zu denen auch Quarzitlager gehören, welche aber im Laufe der Zeit weitgehend zu Straßenpflaster abgebaut wurden. Die Zeit der Bildung dieser quarzitischen Ablagerung ist schwer zu bestimmen, da auch heute noch an steilstehenden Abbauwänden im Klebsand SiO_2-Anreicherungen zu quarzitähnlichen Gebilden festgestellt werden können, vor allem im Westen des Gebietes.

Einen Überblick über das Gebiet gibt Abb. 75. Als Ursprungsmaterial für die Kaolinisierung muß der Höhenzug des Haardt angesehen werden, ein kleiner Gebirgszug, der alle Stufen des Buntsandsteins enthält. Am Rande, längs des Rheintalgrabens, ist er weitgehend entfärbt und ge-

8*

bleicht, wahrscheinlich durch aufsteigende Thermalwässer, wobei jedoch keine ausgesprochene oder nur eine ganz geringe Kaolinisierung der Feldspäte erfolgt ist. Bei einer solchen Bleichung, die zur Entstehung von Bleicherden und Podsolböden führt, wird in feuchtkaltem oder mäßig warmem Klima das Eisen gelöst und als Ortstein in bestimmten Horizonten ausgeschieden, wie wir es in unseren heutigen ausgelaugten sauren Kiefernböden finden. Die Kaolinisierung dagegen ist an ein ganz bestimmtes feuchtheißes tropisches Klima gebunden, in dem das Lösliche entfernt wird, während die gebildeten Tonminerale zurückbleiben. Auch die Kieselsäure wandert im allgemeinen aus, kann jedoch bei Klimaänderung oder in Trockenzeiten im Untergrund ausgefällt werden und Verkieselungen zu Quarziten hervorrufen. Kaolinisierung und Verkieselung setzen ein bedeutend wärmeres Klima, als es jetzt herrscht, voraus und damit auch eine üppigere Pflanzendecke, die an geeigneten Plätzen zur Bildung von Braunkohle führte, die an einer Stelle eine Mächtigkeit von 3–4 m erreicht. Die Ton- und Klebsandablagerungen des Beckens erreichen eine Mächtigkeit von 60–80 m.

Über die geologische Geschichte dieses Gebietes sei kurz folgendes angeführt. Zur Zeit des Mittelrotliegenden erfolgte eine Aufwölbung des Pfälzer Sattels, an dessen Flanken sich im Norden die Nahemulde, im Süden die Pfälzer Mulde bildete. Gleichzeitig drang Magma auf, und es kam zur Entstehung von Porphyren, Melaphyren und Porphyriten von einzigartiger Mannigfaltigkeit. Der Porphyrstock des Donnersberges in 12 km Entfernung ist hier zu nennen. Es erfolgte eine Ablagerung von Sand- und Tonmassen granitischer Zusammensetzung, relativ grobkörnig und feldspatreich, in der Pfälzer Mulde. Diese Sande sind weitgehend durch Verwitterung in plastischen roten Ton übergegangen, der zur Herstellung von Dachziegeln verwandt wird.

Zur Zeit der Trias wurden zunächst grobe Gerölle, die quarzreich waren, eingeschwemmt, später auch Feldspat. Es kam zur Ablagerung von Quarzsanden. Bei Nachlassen der Strömungsgeschwindigkeit und damit der Transportkraft des Wassers werden feinere Sedimente abgelagert, es kommt zur Bildung feinkörniger Sandsteine mit reichlichem Glimmergehalt und zur Ablagerung von rotem Ton.

Die zur Zeit des Muschelkalks entstandenen Dolomite, Mergel und Kalke sind im Eisenberger Becken nur untergeordnet vorhanden, und im eigentlichen Tongebiet tritt kein Muschelkalk auf, der Ton liegt direkt auf Bundsandstein.

In der Kreide bildete das Gebiet eine flache Insel im Kreidemeer, auf der unter tropischem Klima eine tiefgründige Verwitterung erfolgte, so daß die Kalke des Jura und Muschelkalks entfernt wurden. Im Tertiär herrschen auf dieser Insel ähnliche Verhältnisse, es ist eine tektonisch bewegte Zeit, in der die Alpen herausgehoben werden und der Rheintalgraben absinkt. Zur Zeit des Oligozän rückt das Meer an das jetzige Becken heran, eine weitere Abtragung bzw. Zersetzung der jetzigen Oberfläche liefert farbigen Ton, der durch weißen Ton geringer Mächtigkeit überlagert wird, daneben sind Schotter (Quarze, Quarzite, Hornsteine) zu nennen. Am südlichen Rande des Tongebietes von Hettenleidelheim-

Eisenberg finden sich teilweise verkieselte Quarzschotter. Zum Beckeninneren hin wächst der Tongehalt, es stehen sandfreie Tone größerer Mächtigkeit an nördlich von Hettenleidelheim, die mit zunehmender Teufe allmählich durch Bitumen dunkler werden und Pyrit enthalten. Auf den wechselnden Gehalt von Bitumen und Schwefeleisen sind die entsprechenden Farbtöne der einzelnen Schichten zurückzuführen. Die weißen Sande und Tone von Grünstadt wurden im jüngeren Tertiär, zur Zeit des Pliozän, in einem von Seen und Flüssen bedeckten Flachland abgelagert, nachdem sich das Meer ganz zurückgezogen hatte.

Einen Überblick über die Schichtfolge gibt die nachstehende Zusammenstellung:

> Kurzer grüner Ton, enthält vorwiegend 2wertiges Eisen;
> gelber, plastischer Ton mit 3wertigem Eisen, nicht hochfeuerfest;
> erste Tonschicht, etwa 1 m mächtig, durch Bitumen und feinverteilten Pyrit blaugrau gefärbt;
> Mergel, hellgefärbt mit geringem Al_2O_3-Gehalt, vielleicht Brackwasserbildung, 1 m mächtig;
> zweite Tonschicht, durch Bitumen und feinverteilten Pyrit blaugrau gefärbt, Gesamtmächtigkeit der 1. bis 2. Tonschicht 6–12 m;
> stark dunkelbrauner Ton, z. T. mit Markasitknollen, verkieselten Gräsern und Wurzeln, 1,5 m mächtig;
> brauner Ton mit Braunkohle, die in 2 geringmächtigen Lagen gefunden wird;
> Buntsandstein.

Am Rande dieser Ablagerungen erfolgte eine Verkieselung, es kam zur Bildung der Quarzitlager der Tiefenthaler Höhe, des Harzweiler Kopfes und am Steinert bei Eisenberg. Die Entstehung hängt mit dem Einfallen der Bundsandsteintafel und der Tonschichten um etwa 8° nach Nordosten zusammen. Die Verwitterungsprodukte des Buntsandsteins werden in die tieferen Regionen eingeschwemmt, wobei eine strenge Sortierung nicht erfolgt und es zur Bildung der Klebsande mit ihren Schotterlagen gekommen ist.

Zur Geschichte des Abbaues im Becken von Eisenberg-Grünstadt. Bereits die Römer bauten in dieser Gegend Bodenschätze ab. Das Roteisenerz vom Donnersberg wurde hier gewonnen und verarbeitet. An Bodenschätzen sind neben Eisen Kupfer und die feuerfesten Tone sowie Klebsand zu nennen. In Eisenberg saß die staatliche Bergbauverwaltung zur Versorgung der Mainzer Legionen.

In neuerer Zeit wurden etwa 1850 von den Bauern die ersten Tone gewonnen, die nach Frankenthal, ins Elsaß und an die Saar gingen. Der Blauton erwies sich als guter Glashafenton und wurde vorwiegend durch Pferdefuhrwerke in die Glasfabriken im Saargebiet und ins Elsaß befördert, bis dann im Jahre 1896 die erste Eisenbahn hier gebaut wurde.

Die Gewinnung der Tone. Die Tone, besonders die hochfeuerfesten Tone wurden zunächst im Tagebau gewonnen. Man mußte aber schon bald auf den erweiterten Schachtbau übergehen unter Verwendung von holzausgebauten Tonschächten der Größe 4,5 × 4,5 m. Als der Abraum

Tabelle 33. *Zusammensetzung einiger feuerfester Tone*

Vorkommen	Bonner Tonbezirk		Westerwald		
	Witterschl. Blau-Ton	Adendorfer Fischer-Ton	Siershahn Blau-Ton	hell	Rasselstein Grube Gilsahaag
Chemische Analyse					
SiO$_2$	49,02	81,38	53,05	51,48	42,62
Al$_2$O$_3$	35,17	11,67	31,00	32,12	40,41
Fe$_2$O$_3$	1,57	0,73	1,48	1,48	1,20
TiO$_2$		0,56	1,17	1,10	0,99
CaO	0,20	0,03	0,47	0,41	0,37
MgO	0,46	0,05	0,44	0,37	0,25
K$_2$O	1,70	0,99	2,34	2,52	0,37
Na$_2$O		1,25	0,21	0,19	0,10
SO$_3$			0,33	0,51	
Glühv.	11,90	3,82	9,52	9,75	13,42
	100,00	100,48	100,01	99,93	99,73
Rationelle Analyse					
Tonsubstanz	96,7	53,9	K.53,8		
Glimmermin.					
Quarz	1,1	43,5	28,6		
Feldspat	2,2	2,6	17,6		
Mineralanalyse					
Kaolinit		22,0	55–60	55–60	über 85
Illit			etwa 30	25–30	etwa 5
Quarz		61		6	
Feldspat		17	10–15 ·	5	
Kornverteilung					
über 60 μm		16,1	0,0		7
20 –60 μm		24,9	3,2		4
6,3–20 μm		16	5,7		8
2 –6,3 μm		13	10		7
0 –2 μm		30	91,1	100	74
SK	32/33	26/27	32	30/31	34/35
Literatur:	[5]	[1]	[5,6]	[6]	[6]

[1] HEIDE, H. u. K. BRENNER: Mineralogisch-Petrologisches Inst. Bonn (Adendorfer-Fischerton). – [2] GOTTHARDT, H.: Tonind. Z. 75 (1951) 269. – [3] LIPPMANN, L.: Sprechsaal 86 (1953) 218–224. – [4] REUMANN, O.: Keram. Z. 3 (1951) 363–365. – [5] Jahrb. f. K. G. E. 1954/55, S. 104–179. – [6] GHI. Aachen.

mächtiger wurde, kam es zur Förderung aus kurzen Stollen. Die Gewinnung erfolgte mittels Tonkeilen in regelmäßigen Schollen mit einer Länge von etwa 60–70 cm und einer Höhe von 30 cm. Der Eigentumsbergbau war hier sehr verbreitet. Es war möglich, die absoluten Abbaurechte für Sand und Ton zu erwerben, wobei die Feldoberfläche im Besitz des Eigentümers blieb. Er konnte die Oberfläche landwirtschaftlich bebauen, aber auf seine eigene Gefahr. Vor etwa 50 Jahren waren in diesem Gebiet noch über 60 Schächte vorhanden, heute zählen wir noch etwas über 20 Schächte, die im Besitz von 10 Firmen sind. Die Holzverzimmerung

(zusammengestellt von F. ELLIES)

| Großalmerode | | Rheinpfalz | Oberpfalz Deglhof | Niedertiefenbach |
Glash. Ton	Fett- Ton	Glash. Ton	Ton fett	Kaolin-Ton < 2 μm
70,8	58,7	49,79	46,31	43,92
18,8	27,3	32,10	36,19	38,17
1,4	2,0	2,13	2,0	1,53
2,0	2,0	1,07	0,51	1,86
		0,45	0,40	0,20
0,8	0,9	0,87	0,47	0,21
		2,81	1,68	0,36
		0,72	0,07	0,14
				0,24
6,2	9,1	10,15	12,37	13,35
100,0	100,0	100,09	100,00	99,98
49	89		82	
			9	
49	8,8		0	
2	2,2		2,6	96
50	65	60	82	96
3	5	etwa 25	1,6	
45	30	10	Kagl. 7,4	2
			2,6	
1		1	4,9	
7	5,5	1	0,2	
20	16	9	0,5	
23	17	8	4,2	
49	61,5	71	90,2	
28/29		32/33	33/34	
[2,3]	[2, 3]	[6]	[4]	[6]

der Schächte steht heute noch, z.T. 50 Jahre nach dem Ausbau, und reicht bis in eine Teufe von 40–70 m (vgl. K. LUCKHARDT).

Das Abdichten der Holzschächte, die durch die stark wasserführenden Klebsande geführt wurden, geschah in folgender Weise: Entweder es wurde in verlorener Zimmerung ein „Vorschacht" möglichst bis auf den grünen Deckenton hinunter vorgetrieben. Dann wurden, ebenfalls in verlorener Zimmerung, Joche im Abstand von 80 cm eingebaut und hinter den Jochen die Wände mit Schwarten verschalt bis auf die festen Tonschichten, aus denen keine Wasserzufuhr erfolgt.

Oder es wurde auf der Sohle im festen Ton das sog. „Restjoch" mit längeren Ohren eingebaut, welches das Innenmaß des Förderschachtes angibt. Darauf wurden die weiteren Schachtjoche gelegt (sog. Stampfjoche) und zwischen diese und die verlorene Zimmerung in einer Breite von etwa 60 cm plastischer fetter Ton eingestampft, meist gelber Ton, wodurch der Schacht vollkommen wasserdicht wurde.

Seit 1914 sind 6 Zylinderschächte aus eisenarmiertem Beton oder mit Backsteinmauerwerk geteuft worden. Sie sind mit ein- oder doppeltürmiger Seilfahrt ausgerüstet. Der Abbau in größeren Teufen des Eisenberger Reviers wird dadurch erschwert, daß das Liegende außerordentlich wasserführend ist und Wassereinbrüche mit Drucken von 2–4 atü erfolgen können.

Die Förderung ist z.T. noch eine Kübelförderung. Die Querschläge und Richtstrecken sind gemauert mit Betonkeilsteinen.

Interessant ist, daß auf etwa 10 t Ton ein Bedarf von 0,3–0,5 fm Grubenholz gerechnet wird. Der Abbau erfolgt ohne Versatz. Die Gewinnung beträgt je Meter 8–10 m³ Ton, das entspricht 16–20 t. Der Ton wird im allgemeinen durch Sprengungen gelöst. Im Tiefbau werden neuerdings auch Schrämmaschinen eingesetzt, während im Tagebau seit etwa 1940 der Preßluftspaten verbreitet ist. Die gesamte Förderung je Jahr an feuerfesten Tonen und keramischen Tonen wird mit 200000 t angegeben, es sind etwa 300 Bergleute und Grubenarbeiter tätig. Der Vorrat an hochwertigen feuerfesten Tonen wird als ausreichend für 50–60 Jahre geschätzt.

Verwendung der Pfälzer Tone. Von den verschiedenen Arten der Pfälzer Tone wird der Blauton mit einem Tonerdegehalt von 36–39% für Glashäfen (vgl. Tab. 33, Abb. 19 und 32), Schleifscheiben und zur Herstellung von Ausgüssen verwendet. Die Tone der zweiten Schicht mit ebenfalls 36–39% Al_2O_3 sind Steinzeugtone, die für Kapseln verwandt

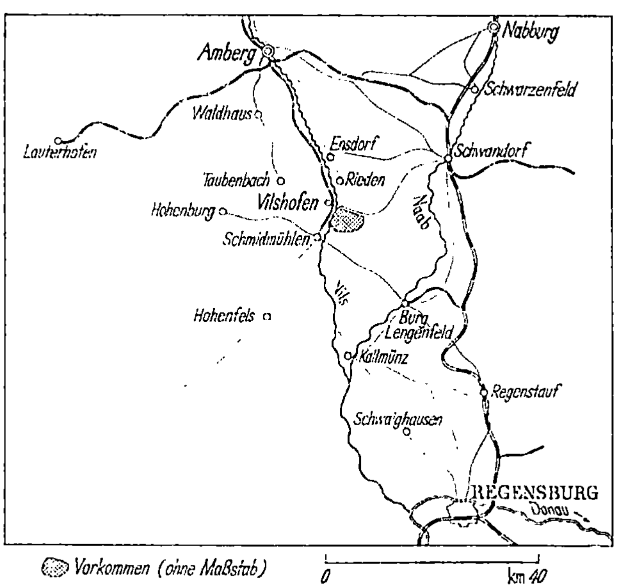

Abb. 76. Situationsplan für das Tonvorkommen am Deglhof in der Oberpfalz (nach REUMANN)

werden, oder feuerfeste Tone, die für hochwertige und besonders bean-
spruchte Schamottesteine geeignet sind. Die Zwischenqualitäten der
Tone mit 30–35% Al_2O_3 werden verwandt zur Schamotteherstellung,
in der Porzellanindustrie, zur Kapselfabrikation, für Steinzeug, Wandplatten, Ofen- und Herdindustrie sowie in der Eisen- und Stahlindustrie.
Die Tone der Eisenberger Gegend schließlich mit einem Tonerdegehalt
von 24–27% finden Verwendung bei der Plattenfabrikation und zur
Herstellung säurefester Erzeugnisse.

β_5) **Die Tone der Oberpfalz.** Besondere Bedeutung haben die
teriären Tone der Oberpfalz, die sich südlich des Naabgebirges zwischen
Nabburg und Regensburg in Verbindung oder wechsellagernd mit der
Oberpfälzer Braunkohle finden. Es sind Verwitterungstone, die sich zur
Zeit des Miozän in Mulden und Rinnen abgesetzt haben. Vorkommen
liegen u. a. bei Buchtal, Schwarzenfeld, Schwandorf und Ponholz. Mit
Tonerdegehalten zwischen 36–38% und etwa 44% werden sie u. a. als
feuerfeste und Bindetone, als Steinzeug- und Kapseltone und zur Herstellung von Wand- und Fußbodenplatten verwandt. Überlagert werden
sie von quartären Schottern und Lehmen.

Eine besondere, abweichende Lagerung hat das Vorkommen am
Deglhof bei Vilshofen (Abb. 76), das im Jahre 1949 erschlossen wurde.
Hier sind die Tone in Do-
linen des Malmkalkes ab-
gelagert, sie sind kohle-
und lignitfrei und kommen
in zwei Qualitäten vor,
von denen der obere hell-
graue, stellenweise auch
dunkler gefärbte halbfette
Ton in der Grobkeramik
als feuerfester und als

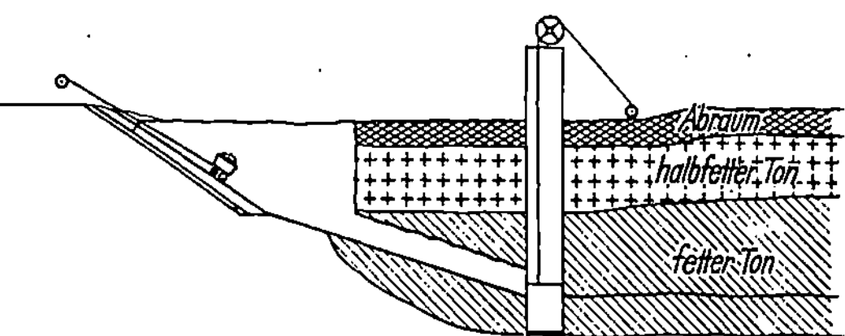

Abb. 77. Schnitt durch das Vorkommen am Deglhof
(nach REUMANN)

Kapselton Verwendung findet, während der darunter lagernde fette
hellblaugraue Bindeton als Ersatz für den Wildsteiner Blauton Bedeutung erlangt hat. Seine Zusammensetzung ist in Tab. 33 angegeben, er
brennt bei SK 14 dicht. Der Abbau erfolgt im Schacht- und Stollenbau
(Abb. 77).

c) Vortertiäre Tone

α) **Tone aus der Kreidezeit.** Die bisher beschriebenen Tone sind
jüngeren geologischen Alters, sie stammen aus dem Tertiär. Bei dem
damals herrschenden tropisch-warmen Klima kam es zur Kaolinisierung, zur Bildung der Tone und zur Ablagerung von Braunkohle.
In früheren geologischen Epochen finden wir stellenweise auch mehr
oder weniger hochwertige keramische Tone, die z. T. mit Ablagerungen von Kohleschichten vergesellschaftet sind. Das gilt für die Kreidezeit, das gilt für das Mesozoikum, und ganz besonders gilt das für
die Steinkohlenformation, für das Karbon, in der wir ähnliche klimatische und geographische Verhältnisse gehabt haben müssen wie zur
Zeit des Tertiärs.

In den Kreideschichten finden sich tonige Ablagerungen, vorwiegend in Niedersachsen und in Westfalen. Diese Schichten gehören in die untere Kreide und sind infolge der Diagenese weitgehend verfestigt und in Schiefertone oder Schiefer übergegangen. SCHMELING hat in einer Studie die Verbreitung toniger Sedimente in Südhannover in der Gegend des Osterwaldes, des Deisters, des Hils und des Süntels untersucht und die Verwendbarkeit und Abbauwürdigkeit für keramische Zwecke diskutiert. Bezüglich der mineralischen Zusammensetzung der Wealdentone in Abhängigkeit von der Teufe ist bemerkenswert, daß das Hauptmineral Kaolinit von unten nach oben in seiner Häufigkeit abnimmt, statt dessen nimmt der Illitgehalt zu. In Tonen mit hohem Kaolinitgehalt finden sich merkliche Mengen von Opalsubstanz, während der Quarzgehalt im mittleren Wealden am höchsten ist. In bezug auf die chemische Zusammensetzung ist zu bemerken, daß die Flußmittel, d.h. die Oxyde CaO, MgO, Na_2O, K_2O und Fe_2O_3 vom Liegenden zum Hangenden zunehmen. Der SiO_2-Gehalt ist im mittleren Wealden am höchsten, eine Folge des hohen Quarzgehaltes in diesen Schichten, während der Al_2O_3-Gehalt im unteren Wealden als Maximum 41,2 % erreicht.

Die technologischen Eigenschaften der Tone ändern sich parallel zur mineralischen und chemischen Zusammensetzung: hochfeuerfeste Tone mit heller Brennfarbe finden sich nur im unteren Wealden in den untersten Schichten. Der Segerkegelfallpunkt der Tone liegt im Deister mit SK 18 am tiefsten, es folgt SK 27 im Hils, SK 32 im Süntel und SK 34 am Nesselberg und im Osterwald.

Die Tonlagerstätten sind entstanden durch Kaolinisierung des aufgelockerten Gesteins im humiden Klima, die Niederschläge bewirkten einen Transport der Verwitterungsprodukte durch Flüsse in geeignete Sedimentationsbecken; in ihnen trat eine Sonderung nach Korngröße und spezifischem Gewicht ein, so daß in den Becken selbst schließlich nur feinstes Material abgelagert wurde. Hier erreicht der Gehalt an Tonmineralen oft 90–100 %.

Die freie Kieselsäure kommt entweder als Quarz mit einer mittleren Korngröße über 2 μm oder als Opal vor, bei dem es sich um die bei der Kaolinisierung freigewordene Kieselsäure handeln dürfte. Bei weiterer Verflachung des Geländes können sich Moore bilden, und so erklären sich die im Liegenden der Tone öfter vorhandenen Kohlenflöze. Tone in der Nachbarschaft von Kohlenflözen sind durch hohe Feuerfestigkeit, gute Plastizität und Trockenfestigkeit ausgezeichnet.

Es wurden aber auch hochwertige Tone gefunden, die nicht im Liegenden von Kohlenflözen abgelagert sind. Sie haben einen fast ebenso geringen Gehalt an Flußmitteln und an Eisen. Deshalb ist anzunehmen, daß Kaolinisierung und Auslaugung des Gesteins bereits vor der Sedimentation erfolgten.

Die Sedimentation der feinsten Trübe wird aber auch vom Elektrolytgehalt des Wassers beeinflußt: Je geringer der Elektrolytgehalt ist, desto langsamer erfolgt sie. Ebenso spielt die Form der Minerale eine Rolle: leistenförmige und kugelige Teilchen sedimentieren schneller als die tafligen Tonminerale. Daher werden in küstenfernen Gebieten die feinsten Tonminerale angereichert, und zwar solche mit einem hohen Wasserbindevermögen, der prozentuale Anteil des Alkali- und Erdalkaligehaltes in der chemischen Analyse nimmt zu.

Von den technologischen Eigenschaften der feinen Tone ist besonders die sehr gute Plastizität und die große Trockenfestigkeit zu nennen. Auch Trocken- und Brennschwindung sind stark, und der Scherben brennt früh dicht. Der Segerkegelfallpunkt liegt etwas niedriger als bei den küstennahen Tonen.

Der Mineralbestand wird von dem Sedimentationsraum in der Weise beeinflußt, daß der Kaolinitgehalt in einer gewissen Entfernung von der Küste am größten ist, auch die Feuerfestigkeit ist hier am höchsten. Der Quarz nimmt mit Küstennähe zu, während Alkalien und Erdalkalien mit zunehmender Entfernung von der Küste steigen, was sich auf den Segerkegelfallpunkt ungünstig auswirkt.

Diese Verhältnisse sind besonders bei Süßwassertonen deutlich. Im Meerwasser liegen ähnliche Verhältnisse vor, jedoch überwiegt hier die chemische Ausfällung der Salze, so daß sich in erster Linie Kalk, Dolomit, Gips, Eisenverbindungen und unter Umständen Salze bilden.

Die Tone, welche im offenen Meerwasser abgelagert wurden, haben im allgemeinen eine rote bis rotbraune Brennfarbe, einen niedrigen Segerkegelfallpunkt und einen geringen Temperaturintervall zwischen Klinkerungs- und Schmelzpunkt, sowie einen hohen Eisen- und Erdalkaligehalt.

In Abb. 78 sind die Gebiete eingetragen, in denen nach den Untersuchungen von SCHMELING Lagerstätten von Tonen mit hohem Segerkegelfallpunkt und geringem Eisengehalt zu erwarten sind.

α_1) Die Verwertbarkeit der Wealdentone. Die besten Tone finden sich im Bereich des Osterwaldes und des Nesselberges. Aus ihnen können ohne Zumischung örtlich fremder Tone Schamottesteine der Qualitäten

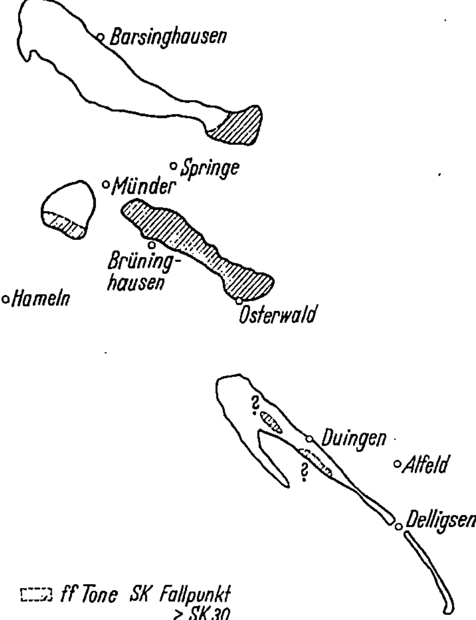

Abb. 78. Gebiete, in denen feuerfeste Kreidetone abgebaut werden oder zu erwarten sind (nach SCHMELING)

A II, A III und A IV, sowie Stahlwerksverschleißschamotte hergestellt werden. Die Brandschiefer sind besonders geeignet für Leichtschamotte, sie ergeben ohne das Zumischen besonderer Ausbrennstoffe Leichtsteine bis zu einem Segerkegelfallpunkt 34 und einem Tonerdegehalt von 40–42%. Ferner können Tone verwandt werden zur Herstellung von Schamottesteingut für Sanitärerzeugnisse (Waschbecken, Badewannen usw.). Die Gießfähigkeit dieser Tone ist besonders gut bei einer Zusammensetzung von 30% Quarz, 40% Kaolinit und 30% Illit. Die Tone sind ferner geeignet zur Herstellung von Fußbodenplatten und Wandplatten, von weißen oder farbig glasierten Spaltplatten, von säurefesten Steinen und Platten und von Kanalisationsröhren. Auch chemisches Steinzeug kann aus ihnen hergestellt werden sowie Töpferwaren im weitesten Sinne, wie Blumentöpfe, Wasserkühler, Terrakotta, Politurware, Lackware, feuerfeste Kochgeschirre, Kaffee-, Tee- und Eßgeschirre, Schamottekacheln und altdeutsche Kacheln.

Werden bei der Verarbeitung ortsfremde Rohstoffe in einheimischen Tonen zugemischt, so kann daraus hergestellt werden Schmelzware, wie Fayancen, Fayance-Haushaltgeschirr, Tonfliesen, Schmelzkacheln oder Steinzeugerzeugnisse, wie Feldspatsteingut, Kalksteingut oder Halbporzellan, aus dem besonders Sanitärerzeugnisse hergestellt werden. Ebenso kann Feinsteinzeug hergestellt werden in Form von Kaffee-, Tee- oder Eßgeschirr, Ziergeräte und Elektrosteinzeug. Die Schamotte der Brandschiefer ist leicht mahlbar und gibt daher leicht einen feuerfesten Mörtel, oder wenn sie eisenfrei gemacht ist, ist eine Verwendung in der Wandplattenindustrie als Zusatz möglich.

α_2) **Die Tone von Heisterholz.** Besonders zu erwähnen ist der Schieferton von Heisterholz bei Minden, der einen wichtigen Rohstoff für die Tonindustrie von Heisterholz darstellt zur Herstellung von Klinkern. Der Schieferton ist eine Ablagerung der Kreidezeit, und zwar gehört er der Periode des Hautrieve an, das etwa an der Grenze zwischen Wealden und Neocom liegt. Der Ton ist ein verfestigter Schieferton von dunkler, meist grauer oder auch bräunlicher Farbe, der im offenen Bruch gewonnen wird. Das Material wird in Lagerhallen gelagert, so daß es durch die Einwirkungen von Wasser, Temperaturschwankungen usw. etwas plastischer wird, und dann nach einem gründlichen Mischen verarbeitet, zunächst durch Mahlen. Es lassen sich drei Arten des Schiefers unterscheiden, der blaue Schiefer, der am tiefsten gelegen ist, darüber liegt der braune Schiefer und in den oberen Schichten ein gelber Schiefer, der überlagert wird von einem Lößlehm. Diese drei Schiefersorten werden für die Verarbeitung gleichmäßig gemischt und gemahlen aufbereitet, so daß ein einheitliches Rohmehl für die Klinkerherstellung zur Verfügung steht.

Der Mineralbestand ist durch einen relativ hohen Illitgehalt ausgezeichnet. Die Tonminerale sind vorwiegend in den Anteilen unter 2 μm vorhanden, in den gröberen Fraktionen treten sie stark zurück (vgl. Abb. 27).

Der Heisterholzer Schieferton wird von dem sog. Pottlehm überlagert, einem Lehm, der zu etwa 55% aus Anteilen kleiner 2 μm besteht, unter 6 μm finden sich 74%, während nur 10% eine Korngröße über 20 μm besitzen. Dieser Pottlehm ist ein wichtiger Rohstoff für die Terra Sigillata, wie sie in Heisterholz hergestellt wird. Der Mineralbestand wird wie folgt angegeben:

	Gesamt	unter 2 μm
Illit	65%	70%
Kaolinit	10%	20%

	Gesamt	unter 2 μm
Quarz	18%	7%
Feldspat	< 5%	
Kalzit	1%	

β) Die Tone des Karbon. Mit zunehmendem geologischen Alter werden die Tone stärker verfestigt. Daher finden wir in den Schichten des Karbon, vergesellschaftet mit der Steinkohle, verfestigte Tone, Schiefertone, die besonders in den böhmischen Lagerstätten und in Neurode in Schlesien eine große wirtschaftliche Bedeutung haben. Die Verhältnisse der Entstehung dieser Tone sind analog den Verhältnissen im Tertiär, nur ist im Laufe der Zeit mit der fortschreitenden Inkohlung auch eine zunehmende Verfestigung der Tone eingetreten, die dann über Tonschiefer zu Schiefertonen geworden sind. Diese feuerfesten Schiefertone zeichnen sich durch einen etwas höheren Segerkegelfallpunkt aus, als er in den Tonen der übrigen geologischen Formationen gefunden wird. Das hängt z.T. vielleicht auch mit einer allitischen Verwitterung zusammen, die an semiarides Klima gebunden ist, daher konnte es zur Bildung von Tonerdehydraten wie Diaspor, Boehmit und Hydrargillit kommen.

β_1) Der Schieferton von Neurode in Schlesien. Ganz besonders bekannt ist der Neuroder Schieferton, der im Kohlenrevier von Neurode in Schlesien abgebaut wird. Er zeichnet sich durch eine hohe Feuerfestigkeit aus, Segerkegel SK 35–37, und findet sich im Liegenden des Oberkarbons in mehreren selbständigen Flözen. Auffallend ist der hohe Tonerdegehalt dieses Tones, der den theoretischen Tonerdegehalt des Kaolinits, des tonerdereichsten Tonminerals noch übersteigt. Eine genaue petrographische Untersuchung dieses Tones hat ergeben, daß die überschüssige Tonerde als freies Tonerdehydrat in der mineralischen Form des Diaspor und des Boehmit vorliegt. Der Neuroder Schieferton hat fo gende Zusammensetzung: etwa 9% Boehmit und Diaspor, in der Hauptsache Diaspor, etwa 80% Dickit, 5% Quarz und etwa 4% Illit und Karbonate. Die Lagerstätte von Neurode gehört zu den qualitativ und quantitativ besten feuerfesten Tonlagerstätten.

Über die Verarbeitung ist zu sagen, daß der Ton zerkleinert wird, dann wird er geröstet, um das feinverteilte und manchmal auch in Nestern angereicherte Eisen zu Magnetit zu oxydieren, so daß nach der weiteren Zerkleinerung eine magnetische Aussonderung und Reinigung der Schamotte möglich ist. Der Neuroder Schieferton ist schwarz gefärbt, wird aber in seiner reinen Form beim Brennen weiß. Nur Partien, die sandige Einschlüsse oder eisenhaltige Einschlüsse enthalten, haben eine ungünstige Brennfarbe. Wegen seiner Feuerfestigkeit ist der Neuroder Schieferton sehr geschätzt und wird weithin exportiert.

β_2) Böhmische Schiefertone. Daneben finden sich in Böhmen noch verschiedene Lagerstätten von feuerfesten Schiefertonen, die von TOMANEK in seinem Buch „Die feuerfesten Schiefertone" näher beschrieben sind. Es handelt sich um diagenetisch verfestigte Tone verschiedenen geologischen Alters und verschiedener mineralischer und chemischer Zusammensetzung. Bedeutende Lager in Mitteleuropa finden sich auch in Schweden bei Skåne und in Rumänien bei Anina. Die wichtigsten Lagerstätten von karbonen Schiefertonen aber liegen in Böhmen im Kladno-Rakonitzer Kohlenbecken bei Rakonitz, Neustrachitz, ferner bei Nýrany bei Pilsen, eine Lagerstätte, die jedoch nicht mehr fündig ist, und im Glazer Bergland bei Neurode. Daneben ist noch das Vorkommen von cenomanen Schiefertonen im Nordwesten von Mähren zu erwähnen, die bei Velké Opatovice und bei Moravská Trebová abgebaut werden.

Zusammenfassend kann bezüglich der Eigenschaften dieser Tone gesagt werden, daß sie über gute mechanische Festigkeit verfügen, eine gute Härte und Dichte haben und meist eine hohe Feuerfestigkeit. Auch die Druckfeuerbeständigkeit ist hoch. Sie besitzen eine große mineralische Reinheit, denn Glimmer, Feldspat und eisenhaltige Minerale kommen nur in ganz geringen Mengen vor, der Alkaligehalt ist niedrig, der Erdalkaligehalt sehr gering. Der Tonerdegehalt ist mittelhoch oder hoch. Sie sind besonders widerstandsfähig gegen Glasschmelzen, Schlackenflüsse und haben eine gute Temperaturwechselbeständigkeit sowie eine hohe Abriebfestigkeit.

B. Die Lagerstätten der Feldspäte

Die Feldspäte sind als die häufigsten Minerale der magmatischen Gesteine sehr weit verbreitet, aber, wie bereits angeführt (S. 54), sind nur Alkalifeldspäte mit einem Anorthitgehalt unter 15–20% in der Keramik technisch verwertbar. Diese technischen Feldspäte finden sich in besonders großen und reinen Kristallen in granitischen Pegmatiten, die in magmatischen oder metamorphen Gesteinen auftreten. Daneben spielen pegmatitisch ausgebildete Granite und neuerdings auch Syenite, Porphyre und Aplite eine wachsende Rolle, obwohl die Korngröße ihrer Kristalle relativ klein ist.

Daneben werden in neuerer Zeit auch immer mehr feldspatreiche Sande und Sandsteine (Arkosen) zur Feldspatgewinnung abgebaut. In der Praxis werden diese Sande fälschlicherweise auch als „Pegmatite" bezeichnet, was petrographisch nicht zulässig ist. In der Petrographie versteht man unter *Pegmatit* die meist gang-, stock- oder linsenförmig ausgebildeten Restausscheidungen des Magmas, die langsam abgekühlt sind. Daher konnten sich in ihnen oft extrem große Kristalle bilden, und es reicherten sich neben Quarz Alkalifeldspäte an.

Einen Übergang zu diesen echten Pegmatiten bilden die sog. pegmatitischen Zonen von Graniten, die durch relativ große Einzelkristalle und Feldspatreichtum ausgezeichnet sind (vgl. Abb. 79).

Bei den *Arkosen* handelt es sich aber nicht mehr um primäre Gesteine, sondern sie sind aus mehr oder weniger weit transportierten Verwitterungsrückständen meist primärer Gesteine entstanden. Es sollte für diese Gesteine daher die Bezeichnung „Pegmatit" nicht benutzt werden, besser ist die Bezeichnung „Feldspatsand" oder „Arkosesandstein"

1. Pegmatite

Ursprünglich waren die bekannten skandinavischen Feldspatpegmatite die Hauptlieferanten der keramischen Feldspäte. Sie liefern auch heute noch Standardtypen, die in der Keramik gern verwandt werden. Auf ihre Beschreibung wird hier nicht eingegangen, denn im Laufe der Zeit werden auch sie immer stärker abgebaut, so daß für die Belieferung der keramischen Industrie auf andere, auch einheimische Vorkommen zurückgegriffen werden muß.

Der Pegmatit von Hagendorf in der Oberpfalz stellt das bedeutendste Vorkommen Mitteleuropas und wohl die größte deutsche Feldspatlagerstätte dar. Er wird daher etwas ausführlicher behandelt.

Die Pegmatitvorkommen in Bayern

In *Oberfranken* findet sich im Süden der Münchberger Gneismasse eine Anzahl linsenförmiger granitisch-pegmatitischer Infiltrationen, die als Albit-Pegmatoide bezeichnet werden. Es handelt sich allerdings um relativ kleine Vorkommen, deren Hauptbestandteile Quarz, Oligoklas-Albit und Muskovit, letzter etwa 1–4 %, bilden. Sie werden z. B. bei Gefrees und Friedmannsdorf fast ausschließlich im Tiefbau gewonnen. Nach der Aufbereitung liefert dieses Vorkommen den relativ reinsten Natronfeldspat Bayerns.

In der *Oberpfalz* finden sich im Gneisgebiet zwischen Erbendorf, Windisch-Eschenbach und Neustadt (Waldnaab) einige Pegmatitkörper, die Gänge von 2–5 Metern Mächtigkeit bilden. Sie enthalten vorzugsweise ebenfalls einen kalkarmen Plagioklas, dem gelegentlich schlierige Anreicherungen großer Orthoklase eingelagert sind.

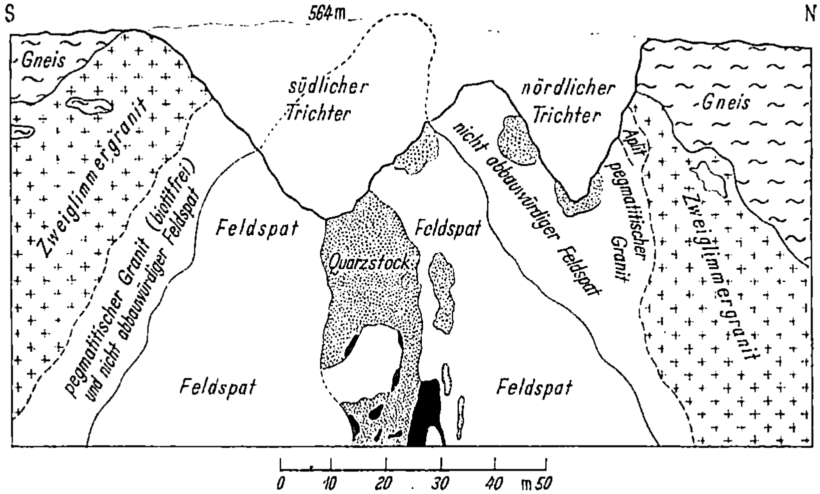

Abb. 79. Pegmatit von Hagendorf (Oberpfalz). Querprofil Hagendorf-Süd (nach STRUNZ)

Der größte Pegmatitgang liegt in der Gegend von Weiden und wird besonders bei *Hagendorf* abgebaut. Er liefert einen für Porzellanglasuren bestens geeigneten Feldspat und wird seit etwa 1860 abgebaut. Bis 1937 betrug die Gesamtförderung eine Viertelmillion Tonnen. Der ursprüngliche Abbau Hagendorf-Nord ist heute stillgelegt. Etwa 500 m hiervon

Tabelle 34. *Zusammensetzung bayrischer und einiger anderer Feldspäte* (aus REUMANN)

	1	2	3	4	5	6	7	8	9	10	11
Chemische Analyse:											
SiO_2	63,9	65–66	63,8	67,6	72,0	72,7	78,9	84,1	89,9	83,1	86,2%
Al_2O_3	20,5	19–20	18,9	19,6	16,5	14,3	11,7	8,2	5,0	10,8	7,7%
Fe_2O_3	0,15	0,1–0,5	0,5	0,2	0,4	0,4	0,3	0,3	0,4	0,3	0,1%
CaO	0,28	0,1–0,5	0,7	0,6	0,6	0,4	0,4	0,3	0,2	0,4	0,1%
MgO	0,14	Spuren	0,2	0,1	0,7	0,3	0,3	0,6	0,1	0,2	0,1%
K_2O	10,6	12–13	13,3	9,7	4,0	9,7	6,3	3,9	4,2	4,1	} 5,0%
Na_2O	4,0	2–3	1,8	0,6	4,6	1,3	1,2	1,1	0,2	0,5	}
Glühverlust	–	–	–	1,8	1,2	0,8	0,6	1,4	0,2	1,2	0,4%
Feldspatgehalt:											
Kalifeldspat	62,5		78,6	57,4	23,3	57,3					%
Natronfeldspat	34,2		15,2	5,3	39,1	11,0					%
Rationelle Zusammensetzung:											
Tonsubstanz							4,3	10,0	1,4	8,6	2,9%
Quarz							48,3	57,7	72,1	63,0	67,5%
Kalifeldspat							37,2	23,0	24,8	24,2	} 29,6%
Natronfeldspat							10,2	9,3	1,7	4,2	}

1 Bayerischer Feldspat von Waidhaus-Hagendorf;
2 Norwegische Feldspäte (Grenzwerte);
3 Hochwertiger handelsüblicher norwegischer Feldspat;
4 Amberger Feldspat (Habera-Feldspat);
5 Oberstdorfer Feldspat/Oberpfalz;
6 Saarfeldspat;
7 Tirschenreuther Pegmatit (Opf.);
8 Bauscher „Pegmatit" (Weiden/Opf.);
9 „Pegmatit" von Steinfels/Opf.;
10 „Pegmatit" von Weiherhammer/Opf. (Feldspatsand Arcos);
11 Weißenbrunner Feldspatsand.

entfernt befindet sich der Abbau Hagendorf-Süd, der zunächst etwa seit 1894 im Tagebau betrieben wurde. Er lieferte jährlich etwa 8000 t. Die heutige Gewinnung erfolgt im Tiefbau; die Förderleistung liegt bei etwa 2000 t je Monat (Strunz, 1951). Ein Querprofil durch die Lagerstätte zeigt Abb. 79. Daraus ist ersichtlich, daß der bauwürdige Feldspat im Innern einen Quarzstock enthält und nach außen hin über eine pegmatitische Zone des Granits, die bereits biotitfrei ist, aber noch keinen abbauwürdigen Feldspat enthält, in einen Zweiglimmergranit übergeht. Das Profil läßt die ursprüngliche Ausdehnung des Pegmatits erkennen, ferner auch die im Tagebau bereits gewonnenen Partien. Der Abbau erfolgt heute im Mehrsohlenbau bis zu einer Teufe von 96 Metern.

Es wird hier ein perthitisch entmischter weißer Kalifeldspat von großer Reinheit gewonnen; über die chemische Zusammensetzung gibt Tab. 34 Auskunft.

Am Hauberg bei Waidhaus steht ein mittel- bis feinkörniger Aplit an, der einen Mikroperthit liefert, der zu etwa 30 % aus Kalifeldspat besteht, der Rest ist Albit.

2. Arkosen

Von besonderer Bedeutung für die Feldspatgewinnung sind die Triasarkosen in dem Gebiet Weiden–Steinfels–Kaltenbrunn–Freihung-Hirschau–Schnaittenbach (Abb. 57, S. 96). Sie bestehen in der Hauptsache aus Quarz, Kalifeldspat, Kaolin und Muskovit. Der Kaolinitgehalt schwankt innerhalb der einzelnen Vorkommen beträchtlich und ist im Süden, in der Hirschau-Schnaittenbacher Senke am höchsten, weil hier eine fast vollständige Kaolinisierung stattgefunden hat (vgl. S. 95f, 98). Im Norden des Gebietes ist der Kaolingehalt gering und liegt oft nur bei 5 %.

Bei *Weiherhammer* wird der bekannte Feldspatsand „Arcos" oder Weiherhammer „Pegmatit" gewonnen. Über seine Zusammensetzung gibt Tab. 34 Auskunft. Seine Mächtigkeit beträgt 8–12 Meter, das Hangende besteht aus Sanden, das Liegende aus Ton und Sand. Auch hier erfolgt der Abbau unter Tage.

3. Die Feldspatvorkommen im Saargebiet

Im Birkenfeld - Nohfelder Porphyrmassiv steht an verschiedenen Stellen ein

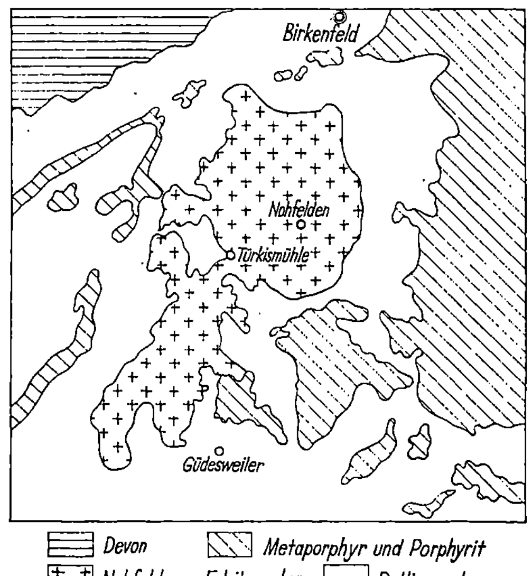

Abb. 80. Geologische Karte des Birkenfeld-Nohfelder Porphyrmassivs (vereinfacht, nach Zwetsch u. Jung)

teilweise kaolinisierter Felsitporphyr an, der den Birkenfelder Feldspat oder Saarspat liefert. Der Abbau findet in den eisenarmen Teilen der Lagerstätten statt und erfolgt im Tagebau (Abb. 80). Das Gestein enthält in einer dichten Grundmasse Einsprenglinge von Albit mit etwa 5 % Anorthit und Kalifeldspat. Die Grundmasse besteht aus feinstem Quarz und Orthoklas. Die Feldspäte sind z. T. stark kaolinisiert.

Besonders geeignet ist der Birkenfelder Feldspat wegen seines feinkörnigen Quarzanteils zur Herstellung von Steinzeugbodenfliesen. Er wird aber auch im technischen Steinzeug, in Elektroporzellan und bei der Herstellung von Schleifscheiben verwendet. Seine Zusammensetzung ist in Tab. 34 angegeben.

C. Lagerstätten des Gips

1. Mineralogie des Gips

Der Gips bildet einen wichtigen Rohstoff in der Keramik, der allerdings weniger oder gar nicht in Massen verwandt wird, sondern der eine große Bedeutung hat zur Herstellung der Gipsformen, in denen keramische Schlicker gegossen werden. Es soll daher kurz über das Vorkommen des Gipses in der Natur berichtet werden.

Chemisch ist der Gips ein Kalziumsulfat. Das Kalziumsulfat kommt in der Natur in zwei Formen vor, als wasserhaltiger Gips $CaSO_4 \cdot 2H_2O$ und als wasserfreies Sulfat, als Anhydrit $CaSO_4$.

Der Gips kristalliert monoklin, hat einen Perlmutterglanz, ist farblos, weiß oder schwach gefärbt, er kann auch grau durch tonige Beimengungen oder rot bzw. gelb gefärbt erscheinen durch geringe Beimengungen von Eisenoxyd. Härte 2, Dichte 2–3. Die theoretische chemische Zusammensetzung ist folgende:

$$
\begin{array}{ll}
CaO & 32,58\,\% \\
SO_3 & 46,49\,\% \\
H_2O & 20,93\,\%
\end{array}
$$

Anhydrit kristallisiert rhombisch, hat die Härte $3–3^1/_2$, die Dichte 2,7. Er ist farblos, bläulich, rötlich oder rauchgrau. Seine Zusammensetzung ist folgende:

$$
\begin{array}{ll}
CaO & 41,16\,\% \\
SO_3 & 58,84\,\%.
\end{array}
$$

Beim Übergang vom Anhydrit zu Gips nehmen 1000 cm³ reiner Anhydrit ein Volumen von 1577 cm³ Gips ein, so daß eine Volumenvergrößerung von 60 % zu verzeichnen ist. Wir können also schreiben:

$$100 \text{ Raumteile } (CaSO_4) \xrightarrow{+\ H_2O} 160 \text{ Raumteile } (CaSO_4 \cdot 2H_2O).$$

Ist das Wasser im System bereits vorhanden, tritt allerdings eine kleine Volumenverminderung ein. Wir haben dann folgende Verhältnisse:

$$100 \text{ Raumt. } (CaSO_4 + 2H_2O) = 90,3 \text{ Raumt. } (CaSO_4 \cdot 2H_2O).$$

Es tritt also, wenn wir das Volumen der Lösung hinzuziehen, durch den Einbau des Wassers in das Kristallgitter eine geringe Volumenverminderung ein.

Über die Unterschiede von Gips und Anhydrit gibt folgende Zusammenstellung Aufschluß:

	Gips	Anhydrit
Härte	1,5–2	3,0–3,5
Kristallwasser	etwa 21%	etwa 0%
spez. Gewicht	2,31	2,92
Kristallsystem	mon.	rhomb.
Spaltwinkel	131°	90°
Lichtbrechung	$< 1,55$	$> 1,55$
Klang	dumpfer Klang	klingender Scherben

In der Natur kommt Gips im allgemeinen nicht in reiner Form vor als wasserfreier Anhydrit oder wasserhaltiger Gips, sondern wir finden ihn als Gestein, das naturgemäß mehr oder weniger zahlreiche Verunreinigungen enthält. Über den durchschnittlichen Wassergehalt natürlicher Gipsgesteine gibt folgende Zusammenstellung Auskunft:

Wassergehalt natürlicher Gipse:

Anhydrit	bis 5%	normaler Gips	18–21%
Alabaster	18%	theoretischer Wassergehalt	20,9%

2. Das Vorkommen von Gips in der Natur

Neben den bekannten Gipskristallen, die als spätiger Gips, Gipsspat oder Blättergips große durchsichtige Kristallplatten bilden, ist der faserige Gips zu erwähnen, der, als Fasergips, Seidengips, Atlasgips oder Federweiß bezeichnet, mehr oder weniger lange parallele Fasern oder muschelförmige Kristallnadeln bildet, die meist als Auffüllung von Spalten auftreten und deren Längsrichtung quer zur Spalte verläuft. Körniger Gips wird als Alabaster bezeichnet, so genannt nach der Stadt Alabastron in Oberägypten. Er hat ein feinkörniges Gefüge. Zu erwähnen sind noch dichter Gips oder Gipsstein und erdiger Gips oder Gipserde, aus lose zuzammengehäuften, feinen kristallinen Gipsplättchen bestehend.

Gips ist in fast allen geologischen Formationen zu finden bis zurück in die Zeit des Silur. Er bildet mehr oder weniger linsenförmige Lager oder stockartige Massen, kommt aber auch in Gängen vor (Fasergips, oder mit Erzen zusammen ausgeschieden). Eine Neubildung kann durch Einwirkung von schwefelsauren Lösungen auf Kalk erfolgen, wie es z. B. in vulkanischen Gebieten (Ätna, Vesuv) der Fall ist. Sedimentär bildet sich Gips als Auskristallisation aus gipshaltigen Wässern.

Über die *Verwendung* des Gips ist zu sagen, daß er zu etwa 70% in die Bauindustrie geht und vorwiegend als Bindemittel verwandt wird. Daneben spielt er eine Rolle als Düngemittel. Alabaster, die weiße Form des körnigen Gipses, wird in der Bildhauerei und im Kunstgewerbe sowie in der pharmazeutischen Industrie verwandt. Anhydrit und Gips wird auch zur Schwefelsäureherstellung verwandt, allerdings muß dieses Material karbonatfrei sein. In der Papierindustrie dient er als sog. Annalin zum Glätten und Steifen von Papier. Er wird ferner zum Herstellen von Mineralfarben verwandt, und nicht zuletzt sei die Verwendung zur Fertigung von keramischen Gipsformen erwähnt.

Der Gips besitzt in der Natur eine merkliche Löslichkeit, sie wird mit etwa 1 : 400 angenommen. In Wasser von 0 °C sind 2,4 g/l löslich, in Wasser von 18 °C 2,6 g/l. In Salzlösungen steigt die Löslichkeit erheblich an, so sind in 3,5%iger Salzsäurelösung bei 21 °C 6,4% Gips löslich, in 17,5%iger salzsaurer Lösung bei 17,5 °C bereits 9,3 g/l. Daher ist auch das Grundwasser und sind die Quellen in Gegenden mit Gipsablagerungen z. T. salzig und ungenießbar. Die Niederschläge können 1 mm Gips im Jahr lösen, was zur Folge hat, daß der Gips anstehend nur in jungen Anschnitten oder an steilen Hängen zu erwarten ist.

Durch das Auslaugen des Gipses und wegen seiner Löslichkeit kommt es zur Bildung von geologischen Orgeln, zu Erdfällen und Schlotten oder zur Ausbildung von Höhlen, wie z. B. die Kyffhäuser Höhle.

Das Vorkommen von Gips in Deutschland

Wie bereits erwähnt, tritt Gips in allen geologischen Formationen auf. In Deutschland finden wir ihn anstehend vor allem am Südrand des Harzes in der Formation des Zechstein. Dort tritt er als etwa 45 km langer Bergzug mit z. T. schneeweißem reinem Gipsgestein auf. Sehr mächtig und in großer Ausbildung steht er besonders bei Nordhausen und bei Osterode an. Einem etwas jüngeren Zechsteinhorizont gehört der Gips von Sangerhausen, von Stolberg und Ellrich an.

Zechsteingips findet sich im östlichen Thüringen, in der Provinz Sachsen (z. B. bei Eisleben) und weiter östlich bei Sperenberg. Sodann sind die Gipsvorkommen in den Salzstöcken von Lüneburg, Segeberg und Lübtheen zu erwähnen.

In Thüringen findet sich an der Oberen Werra und an der Fulda Gips einer jüngeren geologischen Zeit, und zwar aus dem oberen Buntsandstein, der bei Ruhla im Thüringer Wald als Alabaster ausgebildet ist. Auch bei Erfurt finden sich Ablagerungen ähnlichen Alters. Am Neckar ist das Lager von Neckarelz in diesem Zusammenhang zu erwähnen. Weitere Ablagerungen finden sich vor allem im Keuper, der teilweise als Gipskeuper ausgebildet ist. Zu nennen sind hier die Vorkommen im Oberelsaß bei Bergheim und Reichenweier, im Unterelsaß bei Balborn und Waltenheim, in Lothringen und vor allem in Württemberg, wo sich Ablagerungen, die in die Anhydritgruppe des Muschelkalks gehören, in weiter Verbreitung finden.

Ebenso findet sich Gips in den bayrischen Alpen, er gehört dem mittleren Keuper an, bei Tegernsee, Lenggries, Kochel und an anderen Orten.

Neue Segerkegeltabelle
(Abgerundete Mittelwerte)

[nach E. G. Bunzel: Tonind.-Ztg. 77 (1953) 359]

SK Nr.	Mittelwert nach bisheriger Tabelle	Fallpunkte der Segerkegel bei einer Erhitzungsgeschwindigkeit von 150 °/h		20 °/h	
		Normalkegel	Laborkegel	Normalkegel	Laborkegel
022	600	595	605	580	585
021	650	640	650	620	625
020	670	660	675	635	640
019	690	685	695	655	665
018	710	705	715	675	680
017	730	730	735	695	695
016	750	755	760	720	720
015a	790	780	785	740	750
014a	815	805	815	780	790
013a	835	835	845	840	860
012a	855	860	890	860	880
011a	880	900	900	880	890
010a	900	920	925	900	910
09a	920	935	940	920	930
08a	940	955	965	930	940
07a	960	970	975	950	955
06a	980	990	995	970	980
05a	1000	1000	1010	990	1010
04a	1020	1025	1055	1015	1035
03a	1040	1055	1070	1040	1055
02a	1060	1085	1100	1070	1090
01a	1080	1105	1125	1090	1105
1a	1100	1125	1145	1105	1120
2a	1120	1150	1165	1125	1135
3a	1140	1170	1185	1140	1150
4a	1160	1195	1220	1160	1170
5a	1180	1215	1230	1175	1185
6a	1200	1240	1260	1195	1210
7	1230	1260	1270	1215	1230
8	1250	1280	1295	1240	1255
9	1280	1300	1315	1255	1270
10	1300	1320	1330	1280	1290
11	1320	1340	1350	1300	1315
12	1350	1360	1375	1330	1340
13	1380	1380	1395	1360	1375
14	1410	1400	1410	1380	1395
15	1435	1425	1440	1400	1420
16	1460	1445	1470	1425	1445
17	1480	1480	1490	1445	1465
18	1500	1500	1520	1470	1480
19	1520	1515	1530	1495	1505
20	1530	1530	1540	1515	1530

Neue Segerkegeltabelle (Fortsetzung)

SK Nr.	Mittelwert nach bisheriger Tabelle	Fallpunkte der Segerkegel bei einer Erhitzungsgeschwindigkeit von			
		150°/h		20°/h	
		Normalkegel	Laborkegel	Normalkegel	Laborkegel
26	1580		1585		
27	1610		1605		
28	1630		1635		
29	1650		1655		
30	1670		1680		
31	1690		1695		
32	1710		1710		
33	1730		1730		
34	1750		1755		
35	1770		1780		
36	1790		1805		
37	1825		1830		
38	1850		1855		
39	1880		1875		
40	1920		1900		
41	1960		1940		
42	2000		1980		

Bestimmung des Kegelfallpunktes nach Seger (SK) DIN 51063.

Maschenweite und Siebnummern
der deutschen, amerikanischen und englischen Normensiebe

DIN 4188[2]	DIN 1171[1]			A. S. T. M.[3]		British Standards[3]	
	lichte Maschenweite und Bezeichnung	Sieb Nr.	Maschen je cm²	Sieb Nr.	Sieb-öffnung mm	Sieb Nr.	Sieb-öffnung mm
				3	6,35		
6,3	6,0						
–	–			$3^1/_2$	5,66		
5	5,0						
–	–			4	4,76		
4	4,0			5	4,00		
–	–			6	3,36	5	3,34
3,15	3,0			7	2,83	6	2,81
2,5	2,5			8	2,38	7	2,41
2	2,0			10	2,00	8	2,05
–	–			12	1,68	10	1,67
1,6	1,5	4	16	14	1,41	12	1,40
1,25	1,2	5	25	16	1,19	14	1,20
1	1,0	6	36	18	1,00	16	1,00
–	–	–	–	20	0,84	18	0,85
0,8	0,75	8	64	25	0,71	22	0,70
0,63	0,6	10	100	30	0,59	25	0,60
–	0,54	11 E	121	–		–	–
0,5	0,5	12	144	35	0,50	30	0,50
–	0,43	14	196	40	0,42	36	0,42
0,4	0,4	16	256	–		–	–
–	0,34	18 E	324	45	0,35	44	0,35
0,315	0,3	20	400	50	0,297	52	0,30
0,25	0,25	24	576	60	0,250	60	0,252
0,2	0,20	30	900	70	0,210	72	0,211
0,16	0,177	35 E	1 225	80	0,177	85	0,177
–	0,15	40	1 600	100	0,149	100	0,152
0,125	0,12	50	2 500	120	0,125	120	0,125
0 1	0,100	60	3 600	140	0,105	150	0,105
–	0,090	70	4 900	170	0,088	170	0,088
0,08	0,075	80	6 400	200	0,074	200	0,076
–	0,066	90 E	8 100	–		240	0,065
0,063	0,060	100	10 000	230	0,062	–	–
0,05	0,053	110 E	12 100	270	0,053	300	0,053
0,04	0,040	130 E	16 900	325	0,044	–	–
–	–	–	–	400	0,037	–	–

[1] DIN 1171: Drahtgewebe für Prüfsiebe März 1934 (Sieb-Nr. und Maschenzahl/cm² nach der Ausgabe Okt. 1926, in der Ausgabe März 1934 gestrichen).

[2] DIN 4188: Drahtgewebe für Prüfsiebe Febr. 1957, allein gültig anstelle von DIN 1171 ab 1. Januar 1960.

[3] TAGGERT, A. F.: Handbook of Mineral Dressing, Ores and Industrial Minerals, New York 1948, Sec. 19, S. 101/102.

Literaturverzeichnis

ASHAUER, W.: Kaolin- und Tonvorkommen des Ostbayrischen Bruchstollenlandes (Oberpfalz). Euro-Ceramic 6 (1956) 1–3.
ATTERBERG, H.: Die rationelle Klassifikation der Sande und Kiese. Chemiker-Ztg. 15 (1905) und Int. Mitt. Bodenkde. 1912, S. 317.

BATES, T. F., A. HILDEBRAND u. A. SWINEFORD: Morphology and Structure of Endellite and Halloysite. Am. Mineral. 35 (1950) 463–484.
BETECHTIN, A. G.: Lehrbuch der speziellen Mineralogie, 2. Aufl., Berlin: VEB Verlag Technik 1957.
v. BORRIES, B.: Übermikroskopie, Berlin 1949.
BOSE, A. K., H. MÜLLER-HESSE u. H. E. SCHWIETE: Die Schmelzphase in Schamottesteinen Teil I, Arch. Eisenhüttenw. 27 (1956) 665–671.
BOSWELL, P. G. H.: British Resources of Sands and Rocks Used in Glass Making. London 1918, S. 13. – Vgl. H. B. MILNER: Sedimentary Petrography, 3. Aufl., London 1940, S. 85.
BREHLER, B.: Die Tonvorkommen bei Staudt und Ruppach/Westerwald. Fortschr. Miner. 35 (1957) 118–120.
BRINDLEY, G. W.: X-Ray Identification and Crystal Structures of Clay Minerals, London: Mineral. Soc. (Clay Minerals Group) 1951.
BRINDLEY, G. W. u. K. ROBINSON: The Structure of Kaolinite. Mineral. Mag. 27 (1946) 242–253.
— — Randomness in the Structure of the Kaolinite Clay Minerals. Faraday Soc. 42 B (1946) 198–205.
— — X-Ray Identification and Structure of the Clay Minerals, Chap. II, pp. 32–75, Mineral. Soc. of Great Britain Monograph 1951.
BRINKMANN, R.: Abriß der Geologie, Bd. I, Allgemeine Geologie, 8. Aufl., Stuttgart 1956.
— — Abriß der Geologie, Bd. II, Historische Geologie, 8. Aufl., 1959.
BROWN, G.: The X-Ray Identification and Crystal Structures of Clay Minerals. London: Mineral. Soc. (Clay Minerals Group) 1961.
v. BÜLOW, B.: Geologie für Jedermann, 4. Aufl., Stuttgart 1954.

CORRENS, C. W.: Die Sedimentgesteine. In Barth, Correns, Escola: Die Entstehung der Gesteine, Berlin 1939, S. 116.
— Einführung in die Mineralogie (Kristallographie und Petrologie) Berlin/Göttingen/Heidelberg: Springer 1949.
— Die Tone. Geolog. Rundschau 29 (1938) 201–218.
CORRENS, C. W., u. W. v. ENGELHARDT: Neue Untersuchungen über die Verwitterung des Kalifeldspats. Chem. d. Erde 12 (1938) 1–22.
CORRENS, C. W., u. M. MEHMEL: Über den optischen und rötgenolographischen Nachweis von Kaolinit, Halloysit u. Montmorillonit. Z. Kristallogr. (A) 94 (1936) 337–348.
CORRENS, C. W., u. H. PILLER: Mikroskopie der feinkörnigen Silikatminerale. In H. FREUND: Handbuch der Mikroskopie in der Technik, Bd. IV, Teil 1, Frankfurt/Main: Umschau-Verlag 1955, S. 697–780.

Didier-Werke A.G.: Feuerfeste Baustoffe und ihre Eigenschaften, 5. Aufl., Wiesbaden 1959.
DIENEMANN, W., u. O. BURRE: Die nutzbaren Gesteine Deutschlands, Bd. I u. II, Stuttgart: Enke 1929.
DIN 1179: Körnungen für Sand, Kies und zerkleinerte Stoffe. März 1935.

DIN 1045: Bestimmungen für Ausführung von Bauwerken aus Stahlbeton. Nov. 1959.

DIN 51033: Bestimmungen der Korngrößen durch Siebung und Sedimentation. August 1962.

DIN 4022: Schichtenverzeichnis und Benennen der Boden- und Gesteinsarten, Baugrunduntersuchungen, Febr. 1955.

DONATH, M.: Halloysit aus einer Blei-Zinkerzlagerstätte in Novo Brdo, Jugoslawien, TIZ-Zbl. 85 (1961) H. 18, S. 426–429.

DOWELL, W.: Die Abbildung von Netzebenenscharen mit kleinem Abstand im Elektronenmikroskop. – Vortr. a. d. Tag. Deutsch. Ges. f. Elektronenmikroskopie in Kiel, 27. 9. 1961.

DÜCKER, A.: Über die einheitliche Bezeichnung von Bodenarten. 1948. Ferner: Ein Vorschlag zur Benennung der Korngrößen. In „Abhandlungen über Bodenmechanik und Grundbau". Bielefeld 1949.

ECKHART, F. J.: Über die Anwendung von Ultramikrotomschnitten bei der elektronenoptischen Untersuchung von Tonen. Fortschr. Miner. 38 (1960) 126.

EITEL, W., u. O. E. RADCZEWSKI: Zur Kennzeichnung des Tonminerals Montmorillonit im übermikroskopischen Bilde. Naturw. 28 (1940) 397–399.

EITEL, W., u. C. SCHUSTERIUS: Die Auswertung übermikroskopischer Bilder zur Bestimmung der Kornverteilung von Tonen. Naturw. 28 (1940) 300–303.

– – Die Bestimmung wirksamer Oberflächen von Tonteilchen mit dem Übermikroskop. Chemie der Erde 13 (1940), 322–335.

Elektrokeramik. Hrsg. von A. HECHT, Berlin/Göttingen/Heidelberg: Springer 1959.

ENDTER, F., u. H. GEBAUER: Ein einfaches Gerät zur statistischen Auswertung von mikroskopischen bzw. elektronenmikroskopischen Aufnahmen. Optik 13 (1956) 97–101.

v. ENGELHARDT, W., u. H. GOLDSCHMIDT: Ein Tonmineral der Kaolonit-Halloysitgruppe von Provins (Frankreich). Heidelb. Beitr. Miner. u. Petrogr. 4 (1954) 319–324.

ERNST, TH., W. FORKEL u. K. v. GEHLEN: Vollständiges Nomenklatursystem der Tone. Ber. DKG 36 (1959) 11–18.

FISCHER, G., u. H. UDLUFT: Einheitliche Benennung der Sedimentgesteine. Jb. Preuß. geol. Landesanstalt 56 (1935) 517.

FRANZEN, G., H. MÜLLER-HESSE u. H. E. SCHWIETE: Struktur des Montmorillonits. Naturw. 42 (1955) 176.

DE GEER, G.: Geochronologie der letzten 12000 Jahre. Geol. Rundsch. 3 (1912) 457–471.

GOODYEAR, J., u. W. J. DUFFIN: The Identification and Determination of Plagioclase Feldspat by the X-Ray Powder Method. Miner. Mag. 30 (1954) 306–326.

GOTTHARDT, H.: Chemische und physikalische Daten der Großalmeroder Tone. TIZ 75 (1951) 269.

GRASENICK, F., u. W. GEYMEYER: Eine elektronenmikroskopische Methode zur Unterscheidung von Calcit und Aragonit. Vortr. a. d. Tag. Deutsch. Ges. f. Elektronenmikroskopie, Kiel, 27. 9. 1961.

GRIM, R. E.: Clay Mineralogy (McGraw-Hill Series in Geology, Robert R. Shrock, Consulting Editor), New York/Toronto/London: McGraw-Hill 1953, S. 54.

GRIM, R. E., R. H. BRAY u. W. F. BRADLEY: The Mica in Argellaceous Sediments. Amer. Miner. 22 (1937) 812–829.

GROTHE, H., u. G. SCHIMMEL: Zur Struktur von Tobermorit. Proc. Delft. Europ. Regional Conference on Electron Microscopy 1960 Bd. I, S. 527–530.

GRUNER, J. W.: Crystal Structure of Dickite. Z. Kristallogr. 83 (1932) 394–404.

– The Crystal Structure of Nacrite and a Comparison of Certain Optical Properties of the Kaolin Group with Its Structure. Z. Kristallogr. 85 (1933) 345–354.

GRÜNLING, H. W.: Die Feldspäte und Feldspatsande der Bundesrepublik und ihre wirtschaftlich genutzten Lagerstätten – eine Übersicht. Silikat-Journal 1 (1961) 11–18.

HARDERS, F., u. S. KIENOW: Feuerfestkunde, Herstellung, Eigenschaften und Verwendung feuerfester Brennstoffe, Berlin/Göttingen/Heidelberg: Springer 1960.
HECHT, A.: s. unter Elektrokeramik.
HECHT, H.: Einteilung und Nomenklatur der Tonwaren. In F. SINGER: Die Keramik im Dienste von Industrie und Volkswirtschaft, Braunschweig 1932.
— Lehrbuch der Keramik, 2. Aufl., Berlin 1930.
HEIDE, H.: Aufbau und Entstehung der Kärlicher Tonlagerstätten, Diss. Universität Bonn 1955.
HENDRICKS, S. B.: On the Crystal Structure of the Clay Minerals: Dickite, Halloysite, and Hydrated Halloysite. Amer. Miner. 23 (1938) 295–301.
HENDRICKS, S. B., u. M. E. JEFFERSON: Vermiculite Structure. Amer. Mineral. 23 (1938) 851–862.
HENDRICKS, S. B., u. C. S. ROSS: Amer. Mineral. 26 (1941) 683–708.
HENZE, W.: Silikattechnik 3 (1952) 157–160.
HOFMANN, U., TH. ERNST u. A. ZWETSCH: Vergleichende Prüfung der Verfahren zur quantativen Mineralanalyse bei Tonen und Kaolinen. Ber. Tonmineralausschuß DKG 12 (1958).
HOFMANN, U., K. ENDELL u. D. WILM: Kristallstruktur und Quellung von Montmorillonit. Z. Kristallogr. 86 (1933) 340–348.

JASMUND, K.: Die silikatischen Tonminerale, 2. Aufl. (Monographien zu „Angewandte Chemie" und „Chemie-Ingenieur-Technik", Nr. 60), Weinheim/Bergstraße: Verlag Chemie 1955.

KEIL, K.: Ingenieurgeologie und Geotechnik, Halle 1951, S. 70.
KEMPCKE, E., M. PRIEHÄUSSER u. U. HOFMANN: Der Amberger Kaolin. Sprechsaal 84 (1951) 43–46, 63–67.
KIRSCH, H.: Ergänzende Untersuchungen an der Porzellanerde von Aue in Sachsen. Silikattechnik 6 (1955) 207–208.
KLEBER, W.: Einführung in die Kristallographie, 4. Aufl., Berlin: VEB Verlag Technik 1961.
KONOPICKY, K.: Feuerfeste Baustoffe, Herstellung und Verwendung, Düsseldorf 1957.
KRALIK, B. u. W. ASHAUER: Linksrheinischer Anteil des Bonner Tonbezirkes. Europ. Tonind. 2 (1952) 100–103 u. 134–137.
KREILING, A.: Tonvorkommen im westlichen Westerwald. Europ. Tonind. 1 (1951) 4–6 u. 26–28.
KRÜGER, K.: Das Reich der Gesteine. Minerale in Technik Wirtschaft und Kultur, Berlin: Safari-Verlag 1954.
KUKUK, P.: Geologie, Mineralogie und Lagerstättenlehre, 3. Aufl., Berlin/Göttingen/ Heidelberg: Springer 1960.

LAUBENHEIMER, A., u. H. LEHMANN: Die keramisch nutzbaren Rohstoffe Sachsens. Ber. DKG 14 (1933) 367–393.
LEHMANN, H.: Begriffsbestimmungen für Rohstoffe der keramischen Industrie. (Rohstoffdefinitionen) 1. Teil: Plastische Rohstoffe (Tone und Kaoline). Ber. DKG 23 (1942) 301–305.
LIPPMANN, L.: Die Tone von Großalmerode. Sprechsaal 86 (1953) 218–221.
LUCKHARDT, K.: Der Bergbau der Ton-, Klebsand- und Glassandvorkommen im Gebiet Hettenleidelheim-Eisenberg/Pfalz und Kriegsheim-Moosheim/Hessen. TIZ-Zbl. 75 (1951) 69–73.

MACHATSCHKI, F.: Grundlagen der allgemeinen Mineralogie und Kristallchemie, Wien: Springer 1946.
— Spezielle Mineralogie auf geochemischer Grundlage, Wien: Springer 1953. (S. 5: Summenkonstitutionsformel, S. 298 ff.: kristallchem. Mineralsystem, S. 9: Primäre und sekundäre Minerale.)
— Zur Frage der Struktur und Konstitution der Feldspäte (Gleichzeitig vorläufige Mitteilung über die Prinzipien des Baues der Silikate). Zbl. f. Mineral. A, 97 (1928).

MACHATSCHKI, F.: Kristallchemie nichtmetallischer anorganischer Stoffe. Bericht über die Fortchritte in den Jahren 1927–1936. Naturw. 26 (1938) 67–77 u. 86–94.

MACKENZIE, R. C.: The Illite in Some Old Red Sandstone Soils and Sediments. Min. Mag. 31 (1957) 681–689.

MAEGDEFRAU. E., u. U. HOFFMANN: Die Kristallstruktur des Montmorillonits. Z. Kristallogr. 98 (1938) 299–323.

MICHLER, O.: Über die Entstehung der Kaolin- und Tonvorkommen im Karlsbader Bergbaugebiet. Ber. DKG 36 (1959) 191–196.

v. MOOS, A., u. F. DE QUERVAIN: Technische Gesteinskunde, Basel: Birkhäuser 1948.

MÜSGEN, B.: Quantitative Bestimmung von Pulvergemengen mit Hilfe der Elektronenbeugung. Dr.-Ing.-Diss., Aachen 1960.

NAGELSCHMIDT, G.: On the Atomic Arrangement and Variability of the Members of the Montmorillonite Group. Min. Mag. 25 (1938) 140–155.

NEMETSCHEK, TH.: Elektronenmikroskopische Untersuchungen an Mullit. Kolloid-Zeitschr. 156 (1958) 585–598.

NIGGLI, P.: Zusammenstellung und Klassifikation der Lockergesteine. Schweizer Arch. angew. Wiss. Techn. 4 (1938).

— Gesteine und Minerallagerstätten, Bd. I, Allgemeine Lehre von den Gesteinen und Minerallagerstätten, Basel: Birkhäuser 1948. Bd. II, Exogene Gesteine und Minerallagerstätten, Basel: Birkhäuser 1952.

NOLL, W. u. H. KIRCHER: Morphologie von Asbest. Naturw. 37 (1950) 540–541.

O'DANIEL, H., u. O. E. RADCZEWSKI: Elektronen-Mikroskopie und -Beugung hochdisperser Mineralien an demselben Präparat. Naturw. 28 (1940) 628–630.

PARASKEVOPOULOS, G. M.: Beitrag zur Kenntnis der Feldspäte der Tessiner Pegmatite. Min. Mitteil. 3 (1953) 216 ff.

PFEFFERKORN, G., H. THEMANN u. H. URBAN: Anwendung der Mikrotomschnitt-Technik auf elektronenmikroskopische Mineraluntersuchungen. Proc. Stockholm Conf. Electr. Microssopy 1956, S. 333.

PRATJE, O.: Deutsches Hydrographisches Institut Hamburg, mündliche Mitteilung

RADCZEWSKI, O. E.: Über den Mineralbestand des feuerfesten Schiefertons von Neurode in Schlesien. Ber. DKG 28 (1951) 119–128.

— Über die Bestimmung von Mineralen mittels Beugung im Elektronenmikroskop. Optik 10 (1953) 163–169.

— Über die Untersuchung feinkörniger keramischer Rohstoffe und ihre technologische Bedeutung. Ber. DKG 34 (1957) 297–302.

— Die Unterscheidung von Mineralen durch optische Anfärbung im Grenzdunkelfeld. Ber. DKG 38 (1961) 389–395.

— Die Untersuchung keramischer Feldspäte. Silicates Industriels 27 (1962) 579–586.

— Die Untersuchung keramischer Rohstoffe. In Science of Ceramics, hrsg. von G. H. STEWART, Bd. I, London/New York: Academic Press 1962, S. 85–105.

RADCZEWSKI, O. E., u. H. J. BALDEN: Röntgenographische und elektronenoptische Untersuchungen an der Schlettaer Erde. Interferenzbilder hoher Auflösung von einzelnen Kristallen. Fortschr. Miner. 37 (1959) 74–78.

— — Der Nachweis von mixed-layer Tonmineral in der Schlettaer Erde. Silicates Industriels 25 (1960) 61–64.

RADCZEWSKI, O. E., u. H. GOOSSENS: Die kristallographische Orientierung von Mineralen auf Grund ihrer Elektronenbeugung. Optik 13 (1956) 307–313.

RADCZEWSKI, O. E., u. J. SCHÄDEL: Ultramikrotomschnitte von Kaolin. Ein Beitrag zum Metakaolinitproblem. Ber. DKG 39 (1962) 48–51.

REIMER, L.: Elektronenmikroskopische Untersuchungs- und Präparationsmethoden. Berlin/Göttingen/Heidelberg: Springer 1959.

REUMANN, O.: Das Tonvorkommen am Deglhof bei Vilshofen in der Oberpfalz. Keram. Zeitschr. 3 (1951) 363–364.
— Der Bayerische Feldspat von Waidhaus-Hagendorf in der Oberpfalz. Keram. Zeitschr. 5 (1953) 599–603.
RIEDMILLER, R.: Über die Struktur dünner Metallschichten. Z. Phys. 102 (1936) 349 u. 382.
ROSENBUSCH, H.: Elemente der Gesteinslehre, 2. Aufl., Stuttgart: Schweizerbart 1901.
ROSS, C. S., u. P. F. KERR: The Kaolin Minerals. U.S. Geol. Survey Profess. Paper 165 E (1931) 151–175.

SALGER, M.: Mineralogische und sedimentpetrographische Untersuchungen am Kaolinprofil der Bohrung Kick Nr. 9 bei Schnaittenbach (Opf.). Geologica Bavarica, München 1958.
SALMANG, H.: Die physikalischen und chemischen Grundlagen der Keramik, 4. Aufl., Berlin/Göttingen/Heidelberg: Springer 1958.
SCHÄDEL, J.: Struktur und physikalisch-chemische Eigenschaften der Feldspäte. Silikat-Journal 1 (1961) 31–39.
SCHÄTZER, L.: Keramik, Roh- und Werkstoffe (Prüfmethoden), Berlin 1954.
SCHMELING, F., F. DAHLGRÜN u. H. LEHMANN: Die Wealden-Tone des Osterwaldes, Nesselberges, Deister, Hils und Süntel. TIZ Zbl. 76 (1952) 189–196, 228–231 u. 258–263.
SCHRÖDER, E., W. SCHMIDT u. H. W. QUITZOW: Geologische Heimatkunde des Dürener Landes, Düren: Kommissions-Verlag Krüger 1956.
SCHÜLKE, W.: Jahrb. für Keramik, Glas, Email, 39. Aufl., Coburg: Sprechsaalverlag 1954/55.
SCHÜLLER, A.: Eine natürliche Mineralsynthese von Montmorillonit im Nephelinbasalt des Großen Dolmar bei Meiningen (Rhön). Heidelb. Beitr. Miner. u. Petrogr. 3 (1953) 472–494.
SCHUMANN, H.: Einführung in die Gesteinswelt, 2. Aufl., Göttingen: Vandenhoeck und Ruprecht 1957.
SPUHLER, L.: Zur Geologie der Tone und Klebsande von Hettenleidelheim-Eisenberg. TIZ-Zbl. 75 (1951) 65–69.
STAHL, A.: Die Verbreitung der Kaolinlagerstätten in Deutschland. Archiv f. Lagerstätten-Forschung H. 12 (1912).
STINY, J.: Technische Gesteinskunde, 2. Aufl., Wien: Springer 1929.
STRESE, H., u. U. HOFMANN: Z. anorg. allg. Chemie 65 (1941) 247.
STRUNZ, H.: Mineralien und Lagerstätten in Ostbayern. – Regensburg. Naturwissensch. 20 (1951/52) 81–203.
— Mineralogische Tabellen, 3. Aufl., Leipzig: Akademische Verlagsgesellschaft Geest & Portig 1957.
STUTZER, O.: Die weiße Erdenzeche St. Andreas bei Aue. Z. prakt. Geol. 13 (1905) 333–337.

TOMÁNEK, K: Feuerfeste Schiefertone u. Technologie ihrer Aufbereitung, Prag 1959.
TRÖGER, W. E.: Optische Bestimmung der gesteinsbildenden Minerale Teil 1, Bestimmungstabellen, 3. Aufl., Stuttgart: E. Schweizerbartsche Verlagsbuchhandlung 1959.

WENTWORTH, CH. K.: A Scale of Grade and Class Terms for Clastic Sediments. J. of Geol. 30 (1922) 377.
WINKLER, H. G. F.: Zur Kristallstruktur des Montmorillonits. Z. Kristallogr. (A) 105 (1943) 291–303.

ZEIß-Prospekt: Teilchengrößen-Analysator nach ENDTER.
ZWETSCH, A.: Untersuchungen an Kaolinen der deutschen Westzonen. TIZ 74 (1950) 160.
ZWETSCH, A., u. D. JUNG: Der Birkenfelder Feldspat. Euro-Ceramic 8 (1958) 41–42.
— — Untersuchungen am Birkenfelder Feldspat. TIZ Zbl. 80 (1956) 65–69 u. 104 bis 112.

Sachverzeichnis

Adendorfer Ton 118
Alabaster 131
Albit 21, 24, 52
Alkalifeldspat 53
allitisch 125
allochthon 103
Amberger Kaolin 105
– Feldspat 128
amorph 18, 25
Andalusit 82
Andesin 53
Andesit 11, 12
Anhydrit 130
Anorthit 21, 24, 52
Antiperthit 53
Arkosen 126, 129
Arloff 63
atmophile Elemente 7
Aue in Sa. 91, 104
Auflösungsvermögen 57
Augit 12
autochthon 115

Bändertone 3, 103
Bandsilikate 21
Basalt 10, 11, 12, 42, 93
Bauterrakotten 81
Beaujard, Ton von 34
Beidellit 43, 44, 46
Bentonit 42, 61, 75
biogene Sedimente 14
Biotit 12, 24, 39, 40
Birkenfeld 130
Blauton 76, 108, 118, 120
Boehmit 125
Boden Buir 62, 63
Boden, Ton von 111
Boracit 22
Brauneisenstein 108
Breunnerit 25
Brucit 39
Bytownit 53

Calcit 21
Cermets 83
chalkophile Elemente 8
chemische Sedimente 14
Chlorit 51
Chodau 94, 104

Chromerz 83
Chromit 83
Chrysotil 37
Cyanit 82

Dazit 12
DEBYE-SCHERRER-Diagramm 56, 61
Deglhof 119, 121
Diabas 12
diadocher Ersatz 21, 23
Diagenese 105, 122
Diaspor 29, 58, 125
Diatomeen 14, 25
Dickit 29, 125
dioktaedrische Minerale 39, 46, 47
Diopsid 21
Diorit 11, 12
Djebel Debar, Halloysit von 36, 37
Dolerit 12
Dolomit 24, 25, 82
Doppelblendenmethode 62, 63
Dreischichtmineral 26, 38
Dünnschnitte 72
Dulbenden, Halloysit von 37

Eisenberg 115
endogen 10, 91
Engoben 81
Epidot 22
epigenetisch 14
exogen 10, 91

Fayalit 22
fehlgeordneter Kaolinit 34
Feldspat 24, 25, 52, 74, 126
Feinbereichsbeugung 64
Feinkaolin 75
feuerfeste Erzeugnisse 81
feuerfeste Tone 76
Feuerton 85
Fireclay-Mineral 34
Fliesen 87
Flint 84, 88
Flußmittel 106, 122
Flußspat 22
Foraminiferen 14, 25
Forsterit 22, 82
Freihung 95, 97

Friedmannsdorf 127
Fritte 88

Gabbro 10, 12
Gefrees 127
Gefüge 15
Gerüstsilikate 21
Gips 130
Glashafenton 49, 59, 76, 119
Glaukonit 25, 49, 51
Glimmer 12, 21, 25, 26, 39
Granit 10, 11, 12, 94, 102
Großalmeroder Hafenton 57, 113, 119
Gruppensilikate 21

Halle, Edelkaolin von 95, 104
Hämatit 63
Hafenton 76, 113
Hagendorf 127, 128
Halloysit 35, 58
Hectorit 43, 44, 46
Heisterholz, Ton von 49, 57, 124
Hillscheid 111
Hirschauer Kaolin 27, 61, 94, 105
Hornblende 12
Hortonolith 22
Hourdis 81
H-S-H-Ton 49, 60
Hydroglimmer 47, 49, 51

Illit 25, 47, 58f., 67
Ilmenit 90
innerkristalline Quellung 41, 44
Inosilikate 21
Inselsilikate 21
Ionenradientheorie 19
Isoliersteine 81

Kalifeldspat 12, 52
Kalk, Kalkstein 14, 25, 76
Kalkfeldspat 52
Kalkspat 24
Kaltenbrunn 95, 97
Kaolin 27, 91
Kaolinisierung 13, 97, 116
Kaolinit 26, 27, 57, 61, 65, 72
Kapselton 76
Kemmlitzer Kaolin 101, 105
Kettensilikate 21
Kieselgur 14, 81
klastische Sedimente 14, 16
Klinkerungspunkt 123
Koordinationszahl 22
Kornverband 15
Korund 82
Kristallographie 18
Kristallstruktur 18, 19

Labradorit 53
Lämmersbach 108, 109

Langendernbach, Ton von 59, 60
Lehm 76, 80
Lepidolith 40
Letten 76
Limonit 76
Liparit 12, 42
lithophile Elemente 7

Magnesioferrit 83
Magnesit 23, 83
Manganspat 24
Markasit 114
Mauerziegel 80
Melaphyr 11, 12, 116
Metahalloysit 35
metasomatisch 92, 93
Mikrolin 54
Mischkristalle 19, 21, 22, 23, 52
Mixed-layer Minerale 47
Montmorillonit 26, 41, 60
Mullit 71, 82
Muskovit 22, 24, 26, 39, 40

NaCl 62
Nadeleisenerz 63
Nakrit 34
Natronfeldspat 52, 127
Nesosilikate 21
Neuburger Kieselerde 74
Neuroder Schieferton 29, 58, 125
Niedertiefenbach, Kaolin von 102, 105,
    119
Nontronit 43, 44, 45, 46, 63
Norit 12
Norwegischer Feldspat 128

Oligoklas 53
Olivin 12, 21, 22
Orthoklas 24, 52
Osmosekaolin 94, 104

Pechstein 102
Pegmatit 11, 54, 126
pelitisch, Pelite 16, 91
Pennin 51
Peridotit 11, 12
Periklas 83
Perthit 53
Pfälzer Glashafenton 49, 59, 119
Phlogopit 39
Pholerit 29
Phonolith 93
Phyllosilikate 21
Pikrit 12
Plagioklas 12, 52
Porphyr 10, 11, 12, 101, 102, 116, 129
Porphyrit 11, 12, 102, 116
Pottlehm von Heisterholz 124
Provins, Ton IL 34
psammitisch 16

Pulveraufnahme 56
Pyrit 25, 76
Pyrophyllit 38, 43
Pyroxen 12, 21

Quarz 12, 21, 25, 67, 74
Quarzdiorit 12
Quarzporphyr 12, 101, 102
Quarzprophyrit 12

Ransbach 109
Rasselstein 118
Rhodochrosit 24
Rhyolit 12, 42
Rohkaolin 75
Roteisenstein 92
Ruppach 111
Rutil 59, 90

Saarfeldspat 128, 130
Saponit 43, 44, 45, 46
Saukonit 43, 45
Schamotte 71, 82
Schichtsilikate 21, 25
Schiefertone 29, 58, 76, 124, 125
Schlettaer Erde 48, 50, 102
Schnaittenbacher Kaolin 28, 65, 94, 97,
Segerkegel 106, 133   [105
Seladonit 51
Serpentin 82
Siderit 23
siderophile Elemente 8
Sief, Töpferton 58
Siershahn 108, 118
Sillimanit 82
Sillitin 74
Simultanbeugung 62
Sorosilikate 21
Speckstein 90
Spinell 83
Staudt 109, 110
Steatit 90
Steingut 84

Steingutton 76
Steinsalz 21
Steinzeug 86
Steinzeugton 76, 86, 120
Streifensand 66, 67
Strukturregeln 20
Substitution 21, 39, 43, 47
Syenit 11, 12, 102
syngenetisch 14

Talk 39, 82, 90
Teilchengrößenanalysator 69
Tektosilikate 21
Textur 15
Tirschenreuth 94, 128
Töpfereierzeugnisse 84
Ton 91, 103
Ton von Sief 58
Tonmineral 21, 25
Tonsubstanz 25
Trachyt 11, 12, 42, 93
trioktaedrisch 39, 45, 46, 47

VAN DER WAALSsche Kräfte 38
Verblender 81
Vermiculit 51
Verwitterung 11, 91
Volkonskoit 43, 44, 45

Warwentone 3, 103
Wealden-Tone 122
Wechsellagerungsstruktur 47
Weiherhammer 128, 129
Witterschlick 112, 118
Wollastonit 21
Wyoming-Bentonit 60, 61

Zettlitz 93, 104
Ziegeleierzeugnisse 80
Ziegeltone 76
Zinnwaldit 40
Zirkonsand 83
Zweischichtmineral 26